高等职业教育"十二五"精品课程规划教材

AutoCAD 2010 实用教程

主　编　黄仕君
副主编　张秀芹　李春花　钱　晋

U0282530

北京邮电大学出版社
www.buptpress.com

内 容 简 介

本书系统地介绍了计算机辅助设计软件——中文版 AutoCAD 2010 的功能和使用方法,内容共分 11 章,主要包括:AutoCAD 2010 基本操作,绘制简单二维图形,精确绘图,编辑二维图形,图层与对象特性,文字与表格,尺寸标注,块、外部参照和设计中心,三维绘图,实体编辑,图形打印输出。

全书内容丰富、组织严谨,注重理论与实践的结合,各章后面都安排了上机实训和习题,便于读者迅速掌握操作技巧和检验学习效果。

本书可作为高职高专院校及本科院校学生的专业课程教材,同时也可供相关专业的 AutoCAD 2010 初、中级用户自学和作为参考用书。

图书在版编目(CIP)数据

AutoCAD 2010 实用教程/黄仕君主编. --北京:北京邮电大学出版社,2012.8(2024.1 重印)

ISBN 978-7-5635-3105-9

Ⅰ. ①A… Ⅱ. ①黄… Ⅲ. ①AtuoCAD 软件—高等职业教育—教材 Ⅳ. ①TP391.72

中国版本图书馆 CIP 数据核字(2012)第 136165 号

书 名:AutoCAD 2010 实用教程
主 编:黄仕君
责任编辑:彭 楠
出版发行:北京邮电大学出版社
社 址:北京市海淀区西土城路 10 号(邮编:100876)
发 行 部:电话:010-62282185 传真:010-62283578
E-mail:publish@bupt.edu.cn
经 销:各地新华书店
印 刷:北京虎彩文化传播有限公司
开 本:787 mm×1 092 mm 1/16
印 张:16
字 数:398 千字
版 次:2012 年 8 月第 1 版 2024 年 1 月第 6 次印刷

ISBN 978-7-5635-3105-9 定 价:32.00 元

· 如有印装质量问题,请与北京邮电大学出版社发行部联系 ·

前　言

AutoCAD 是美国 AutoDesk 公司开发的专门用于计算机辅助设计的软件。由于该软件具有操作方便、易于掌握、绘图精确、功能强大等特点，深受广大工程技术人员的青睐，一直被广泛应用于机械、建筑、电子、水利、航天、服装等各领域。

本书详细介绍了 AutoCAD 2010 的基本知识及各种命令的使用，内容主要包括：AutoCAD 2010 基本操作，绘制简单二维图形，精确绘图，编辑二维图形，图层与对象特性，文字与表格，尺寸标注，块、外部参照和设计中心，三维绘图，实体编辑，图形打印输出。考虑到用户使用软件的习惯，本书合理安排了各章节内容，针对教学目标分层次进行归纳整理，同时配以上机实训和习题，引导读者理论实践相结合，牢固掌握软件的操作技巧，从而达到最佳学习效果。

参加本书编写的人员，均为多年从事 CAD 教学工作的资深教师和工程技术人员。本书由保定职业技术学院黄仕君教授担任主编，河北省电力公司职业技术培训中心张秀芹、保定职业技术学院李春花和景德镇高等专科学校钱晋担任副主编，此外，王帆、曹石、张德田、王佞、刘建敏、宋从欣、安然、张东升、艾建军、安卫超、曹丽苹、高韶坤、苏慧等教师参与了本书的编写工作，在此表示衷心感谢。

由于编者水平有限，加之时间仓促，书中难免有疏漏和错误之处，恳请广大读者批评指正。

编　者

目　　录

第 1 章　　AutoCAD 2010 基本操作 ··· 1

1.1　AutoCAD 简介 ·· 1

1.1.1　AutoCAD 的发展历史 ·· 1

1.1.2　AutoCAD 的主要功能 ·· 2

1.2　启动 AutoCAD 2010 ··· 2

1.2.1　AutoCAD 2010 的软、硬件配置 ························· 2

1.2.2　启动 AutoCAD 2010 ·· 3

1.3　AutoCAD 2010 的工作界面 ···································· 3

1.3.1　标题栏 ·· 3

1.3.2　菜单浏览器和菜单栏 ·· 4

1.3.3　快速访问工具栏和工具栏 ·································· 5

1.3.4　绘图窗口 ·· 5

1.3.5　命令行 ·· 5

1.3.6　状态栏 ·· 6

1.4　执行 AutoCAD 命令 ·· 7

1.4.1　鼠标的使用 ·· 7

1.4.2　功能键和组合键 ··· 7

1.4.3　调用 AutoCAD 命令 ·· 8

1.4.4　终止命令 ·· 8

1.5　图形文件的管理 ·· 8

1.5.1　新建图形文件 ·· 9

1.5.2　打开图形文件 ·· 9

1.5.3　保存图形文件 ·· 9

1.5.4　加密保护绘图数据 ··· 10

1.5.5　关闭图形文件 ·· 11

1.6　坐标 ·· 11

1.6.1　坐标系 ·· 11

1.6.2　坐标表示方法 ·· 11

1.7　控制图形显示 ··· 12

1.7.1　缩放视图 ··· 12

1.7.2 平移 ·· 13

1.8 设置绘图环境 ·· 14

　　1.8.1 设置参数选项 ·· 14

　　1.8.2 设置图形单位 ·· 15

　　1.8.3 设置图形界限 ·· 15

1.9 上机实训 ··· 16

本章小结 ·· 19

习题 ··· 19

第 2 章　绘制简单二维图形 ·· 20

2.1 【绘图】菜单及工具栏 ·· 20

　　2.1.1 【绘图】下拉菜单 ·· 20

　　2.1.2 【绘图】工具栏 ··· 21

2.2 绘制点 ·· 21

　　2.2.1 绘制单独的点 ·· 21

　　2.2.2 绘制定数等分点 ··· 21

　　2.2.3 绘制定距等分点 ··· 22

2.3 绘制线类对象 ··· 22

　　2.3.1 绘制直线 ··· 22

　　2.3.2 绘制射线 ··· 23

　　2.3.3 绘制构造线 ·· 23

　　2.3.4 绘制多线 ··· 24

　　2.3.5 多段线 ·· 26

　　2.3.6 绘制样条曲线 ·· 27

　　2.3.7 使用 SKETCH 命令徒手绘图 ··· 28

2.4 绘制圆弧类对象 ·· 28

　　2.4.1 绘制圆 ·· 28

　　2.4.2 绘制圆弧 ··· 30

　　2.4.3 椭圆和椭圆弧的绘制 ·· 31

2.5 绘制矩形与多边形 ··· 33

　　2.5.1 绘制矩形 ··· 33

　　2.5.2 绘制正多边形 ·· 34

2.6 图案填充 ··· 35

　　2.6.1 图案填充命令 ·· 35

　　2.6.2 定义填充区域 ·· 35

　　2.6.3 选择填充图案 ·· 36

2.7 面域 ··· 38

　　2.7.1 通过选择对象创建面域 ··· 38

　　2.7.2 用边界生成面域 ··· 39

2.7.3　面域运算 ·· 39

2.8　上机实训 ··· 40

本章小结 ··· 42

习题 ··· 42

第3章　精确绘图 ·· 44

3.1　捕捉和栅格 ·· 44

3.1.1　栅格 ··· 44

3.1.2　捕捉 ··· 45

3.1.3　等轴测捕捉和栅格 ··· 46

3.2　正交与极轴 ·· 46

3.2.1　正交 ··· 46

3.2.2　极轴 ··· 47

3.3　对象捕捉和对象追踪 ··· 47

3.3.1　对象捕捉 ··· 47

3.3.2　对象追踪 ··· 49

3.4　动态输入 ··· 49

3.4.1　启用【动态输入】 ·· 49

3.4.2　打开和关闭动态输入 ··· 50

3.5　计算和查询 ·· 51

3.5.1　计算距离和面积 ··· 51

3.5.2　面域/质量特性 ·· 53

3.5.3　显示点的坐标 ··· 54

3.5.4　列表显示 ··· 54

3.6　上机实训 ··· 55

本章小结 ··· 57

习题 ··· 57

第4章　编辑二维图形 ·· 58

4.1　【修改】菜单及其工具栏 ··· 58

4.2　选择对象 ··· 59

4.2.1　设置【选择集】选项卡 ·· 59

4.2.2　常用选择对象的方法 ··· 60

4.2.3　快速选择对象 ··· 62

4.3　删除与取消 ·· 64

4.3.1　删除图形 ··· 64

4.3.2　取消命令 ··· 65

4.4　复制对象 ··· 65

4.4.1　复制图形 ··· 65

4.4.2　镜像对象 ……………………………………………………………… 67

4.4.3　偏移图形 ……………………………………………………………… 67

4.4.4　图形阵列 ……………………………………………………………… 68

4.5　调整对象位置 ……………………………………………………………… 70

4.5.1　移动对象 ……………………………………………………………… 71

4.5.2　旋转对象 ……………………………………………………………… 71

4.6　修改对象尺寸和形状 ……………………………………………………… 72

4.6.1　缩放对象 ……………………………………………………………… 72

4.6.2　拉伸对象 ……………………………………………………………… 73

4.6.3　修剪对象 ……………………………………………………………… 74

4.6.4　延伸对象 ……………………………………………………………… 75

4.7　倒角、圆角和打断 ………………………………………………………… 75

4.7.1　倒角 …………………………………………………………………… 75

4.7.2　圆角 …………………………………………………………………… 76

4.7.3　打断对象 ……………………………………………………………… 77

4.8　编辑多段线、多线和样条曲线 …………………………………………… 77

4.8.1　编辑多段线 …………………………………………………………… 77

4.8.2　多线编辑 ……………………………………………………………… 80

4.8.3　编辑样条曲线 ………………………………………………………… 84

4.9　使用夹点进行编辑 ………………………………………………………… 84

4.9.1　夹点与夹点的设置 …………………………………………………… 85

4.9.2　特征夹点的定义 ……………………………………………………… 85

4.9.3　使用夹点编辑图形 …………………………………………………… 86

4.10　上机实训 ………………………………………………………………… 86

本章小结 ………………………………………………………………………… 89

习题 ……………………………………………………………………………… 90

第5章　图层与对象特性 ……………………………………………………… 91

5.1　图层 ………………………………………………………………………… 91

5.1.1　创建和命名图层 ……………………………………………………… 91

5.1.2　修改图层的设置 ……………………………………………………… 92

5.1.3　保存和恢复图层设置 ………………………………………………… 93

5.1.4　使用图层控制图形 …………………………………………………… 94

5.1.5　设置图层的颜色和线型 ……………………………………………… 94

5.2　管理图层 …………………………………………………………………… 98

5.2.1　转换图形目标的所属图层 …………………………………………… 98

5.2.2　使用图层控制图形显示 ……………………………………………… 98

5.2.3　使用图层控制图形文件的打印 ……………………………………… 98

5.2.4　图层转换器的使用 …………………………………………………… 99

5.3　对象特性 ·· 100

　　5.3.1　特性窗口 ·· 100

　　5.3.2　使用特性窗口编辑图形特性 ··· 101

5.4　上机实训 ··· 103

本章小结 ··· 104

习题 ··· 104

第6章　文字与表格 ·· 106

6.1　注写文本 ··· 106

　　6.1.1　设置文字样式 ·· 106

　　6.1.2　注写单行文本 ·· 108

　　6.1.3　注写多行文本 ·· 110

6.2　编辑文本 ··· 112

　　6.2.1　编辑单行文本 ·· 112

　　6.2.2　编辑多行文本 ·· 113

　　6.2.3　拼写检查 ·· 115

6.3　创建表格 ··· 116

　　6.3.1　创建表格样式 ·· 116

　　6.3.2　使用表格 ·· 117

6.4　编辑表格 ··· 119

　　6.4.1　编辑表格的基本特性 ·· 119

　　6.4.2　编辑表格的行高和列宽 ··· 119

　　6.4.3　编辑表格单元中的文字 ··· 120

6.5　使用字段 ··· 120

　　6.5.1　插入字段 ·· 120

　　6.5.2　更新字段 ·· 122

6.6　上机实训 ··· 124

本章小结 ··· 125

习题 ··· 125

第7章　尺寸标注 ·· 126

7.1　尺寸标注的组成及类型 ·· 126

　　7.1.1　尺寸标注的组成 ·· 126

　　7.1.2　尺寸标注类型 ·· 127

7.2　创建与设置标注样式 ··· 128

　　7.2.1　创建标注样式 ·· 128

　　7.2.2　设置线 ··· 129

　　7.2.3　设置【符号和箭头】 ·· 131

　　7.2.4　设置【文字】 ·· 132

7.2.5 设置【调整】 ·· 135

7.2.6 设置【土单位】 ·· 136

7.2.7 设置【换算单位】 ·· 138

7.2.8 设置【公差】 ·· 138

7.3 标注长度型尺寸 ·· 139

7.3.1 线性标注 ·· 139

7.3.2 对齐标注 ·· 140

7.3.3 连续标注 ·· 141

7.3.4 基线标注 ·· 142

7.4 标注角度、直径和半径 ·· 143

7.4.1 角度标注 ·· 143

7.4.2 半径标注 ·· 144

7.4.3 直径标注 ·· 144

7.5 多重引线标注和坐标标注 ···································· 145

7.5.1 多重引线标注 ·· 145

7.5.2 坐标标注 ·· 146

7.6 标注形位公差 ·· 146

7.6.1 形位公差的符号表示 ··································· 147

7.6.2 标注形位公差 ·· 148

7.7 编辑尺寸标注 ·· 149

7.7.1 编辑标注 ·· 149

7.7.2 编辑标注文字的位置 ··································· 149

7.7.3 替代与更新 ·· 150

7.8 上机实训 ··· 150

本章小结 ·· 153

习题 ·· 153

第8章 块、外部参照和设计中心 ································· 155

8.1 块的创建和插入 ·· 155

8.1.1 创建块 ·· 155

8.1.2 插入块 ·· 156

8.1.3 定义属性 ·· 158

8.2 编辑与管理块属性 ·· 159

8.2.1 编辑块属性 ·· 159

8.2.2 块属性管理器 ·· 160

8.2.3 数据提取 ·· 160

8.3 使用外部参照 ·· 161

8.3.1 插入外部参照 ·· 161

8.3.2 外部参照的管理 ·· 163

8.3.3　剪裁外部参照 ··· 164

8.3.4　外部参照的编辑 ··· 164

8.4　设计中心 ··· 165

8.4.1　设计中心概述 ··· 165

8.4.2　设计中心选项板 ··· 166

8.4.3　通过设计中心添加内容 ··································· 167

8.4.4　通过设计中心更新块定义 ······························ 168

8.4.5　通过设计中心打开图形 ··································· 168

8.4.6　加载带填充图案的设计中心内容区 ················ 168

8.5　工具选项板 ·· 169

8.5.1　打开工具选项板窗口 ······································ 169

8.5.2　通过工具选项板创建工具 ······························ 169

8.5.3　向工具选项板中创建工具 ······························ 170

8.5.4　编辑工具选项板工具 ······································ 170

8.5.5　编辑工具选项板 ··· 170

8.6　上机实训 ··· 172

本章小结 ··· 174

习题 ··· 174

第9章　三维绘图 ··· 176

9.1　设置三维环境 ·· 176

9.1.1　三维绘图界面 ··· 176

9.1.2　设置用户坐标系 ··· 177

9.1.3　设置视点 ··· 179

9.1.4　观察三维图形 ··· 180

9.1.5　视觉样式 ··· 184

9.2　创建三维对象 ·· 186

9.2.1　绘制三维曲面 ··· 186

9.2.2　创建基本三维实体 ·· 187

9.2.3　创建其他三维实体 ·· 192

9.2.4　标注三维对象 ··· 195

9.3　上机实训 ··· 196

本章小结 ··· 198

习题 ··· 198

第10章　实体编辑 ··· 199

10.1　编辑三维实体 ·· 199

10.1.1　三维实体的布尔运算 ····································· 200

10.1.2　三维操作 ·· 201

10.1.3 编辑实体面 ··· 205

10.1.4 编辑实体边 ··· 209

10.1.5 实体清除、分割、抽壳与检查 ································· 210

10.1.6 对实体倒角和圆角 ··· 211

10.2 渲染图形 ··· 212

10.2.1 渲染图标工具 ··· 212

10.2.2 渲染下拉菜单 ··· 212

10.3 由三维实体生成二维平面图形 ··· 216

10.3.1 布局 ··· 217

10.3.2 三维实体生成二维图形 ··· 217

10.4 上机实训 ··· 219

本章小结 ··· 221

习题 ··· 221

第 11 章 图形打印输出 ··· 222

11.1 模型空间与图纸空间 ··· 222

11.1.1 模型空间和图纸空间的概念 ····································· 222

11.1.2 模型空间和图纸空间的切换 ····································· 224

11.2 模型空间打印图形 ··· 225

11.2.1 平铺视口设置 ··· 225

11.2.2 页面设置 ··· 226

11.2.3 打印设备设置 ··· 228

11.2.4 打印样式设置 ··· 229

11.2.5 打印 ··· 232

11.3 图纸空间打印图纸 ··· 233

11.3.1 创建布局 ··· 233

11.3.2 管理布局 ··· 234

11.3.3 布局的页面设置 ··· 234

11.3.4 使用浮动视口 ··· 235

11.3.5 打印图形 ··· 238

11.4 电子打印与发布 ··· 240

11.4.1 发布 DWF 文件 ··· 240

11.4.2 将图形发布到 Web 页 ··· 240

本章小结 ··· 241

习题 ··· 241

参考文献 ··· 244

第1章 AutoCAD 2010 基本操作

教学目标

- 了解 AutoCAD 的主要功能
- 熟悉 AutoCAD 2010 的工作界面
- 掌握 AutoCAD 图形文件的管理
- 掌握 AutoCAD 的命令执行方法
- 掌握坐标系以及坐标输入方法
- 正确设置绘图环境

工程图样是工程技术人员表达和交流技术思想的重要工具。随着计算机辅助设计（Computer Aided Design，CAD）技术的飞速发展和普及，越来越多的工程技术人员开始利用计算机绘制各种图形，从而解决了传统手工绘图中存在的绘图效率低、准确度差以及劳动强度大等问题。在目前的计算机绘图领域，AutoCAD 是使用最为广泛的计算机绘图软件之一，广泛应用于科研、电子、机械、建筑、航天、冶金、造船、纺织、轻工、石油化工、土木工程、农业气象等各领域。

1.1 AutoCAD 简介

1.1.1 AutoCAD 的发展历史

AutoCAD 是美国 AutoDesk 公司开发的计算机辅助绘图软件包，自 1982 年推出了 AutoCAD 的第一个版本——AutoCAD 1.0 版以来，由于其功能强大、易于掌握、硬件接口方便、支持二次开发等优点，深受广大工程技术人员的欢迎，推广速度非常快，经过近 20 次的版本更新和性能完善，现已发展成为 CAD 系统中应用最为广泛的绘图软件。

AutoDesk 公司不断推出升级版，使得 AutoCAD 增加并改进了数百个功能，已经成为一个功能完善的计算机辅助设计软件产品。AutoCAD 2010 扩展了 AutoCAD 以前所有版本的优势和特点，在用户界面、性能、操作、用户定制、协同设计、图形管理、产品数据管理、三维设计等方面得到进一步加强，帮助用户更快地创建设计数据、更轻松地共享设计数据，更有效地管理文件，使用户真正置身于一种高效、直观、轻松的设计环境中，专注于所设计的对象和设计过程。

1.1.2 AutoCAD 的主要功能

概括起来,AutoCAD 具有以下主要功能。

1. 绘图与编辑图形

利用该功能可以方便地创建与编辑各种图形对象。利用绘图命令(如直线、圆、正多边形、多段线等)绘制各种二维图形对象;利用移动、复制、修剪、倒角等编辑命令可以将简单图形快速、准确地生成各种复杂图形;利用三维操作建立、观察和显示各种三维模型;创建与编辑文字和表格等。

2. 标注图形尺寸

尺寸标注是工程制图过程中非常重要的环节,AutoCAD 系统中包含了完整的尺寸标注和编辑工具。利用线性标注、角度标注、直径标注、形位公差标注等工具,可以对各种图形进行尺寸标注,还可以通过标注样式管理器对各种标注样式进行设置和修改,从而创建符合行业和项目标准的标注格式。

3. 渲染三维图形

在 AutoCAD 中,运用光源、材质、雾化等功能,可以将三维模型进行渲染,从而获得更加逼真、形象的图像效果。

4. 文件管理

用于图纸文件的管理,包括存储、打开、打印等,同时,AutoCAD 不仅允许将图形以不同样式通过绘图仪或打印机输出,还能将不同格式的图形导入 AutoCAD 或将 AutoCAD 图形以其他格式输出。

5. Internet 功能

AutoCAD 提供了强大的 Internet 工具,设计者之间可以共享资源和信息,同步进行设计、讨论、发布信息等。

1.2 启动 AutoCAD 2010

1.2.1 AutoCAD 2010 的软、硬件配置

安装 AutoCAD 2010 之前,用户应首先了解系统的要求,以便合理配置机器,使 AutoCAD 2010 的优越性得到充分发挥。

1. 基本硬件配置

- 中央处理器:Intel 3.0 GHz
- 操作系统:Windows XP SP2
- 内存:1 GB RAM 以上
- 硬盘:10 GB 以上的可用空间
- 显示卡:1 280×1 024,32 位真彩,128 MB 显存
- 浏览器:Microsoft Internet Explorer 6.0 SP1

2. 软件环境

- Microsoft Windows NT 4.0 或更高版本，Microsoft Windows 2000/XP Professional
- 浏览器需要 Microsoft Internet Explorer 6.0 或更高版本
- TCP/IP 协议或 IPX 协议

具备以上条件之后，AutoCAD 2010 就有了一个合适的工作环境。

1.2.2 启动 AutoCAD 2010

启动 AutoCAD 2010 的方法如下。

(1) 在桌面双击 AutoCAD 2010 中文版快捷图标 。

(2) 单击桌面左下角的【开始】按钮，在弹出的菜单中选择【程序】|【Autodesk】|【Auto-CAD 2010-Simplified Chinese】|【AutoCAD 2010】。

(3) 在资源管理器中双击任意 AutoCAD 2010 图形文件。

1.3 AutoCAD 2010 的工作界面

中文版 AutoCAD 2010 的工作界面主要由标题栏、菜单栏、工具栏、绘图窗口、命令行、状态栏等组成。启动 AutoCAD 2010 后，其工作界面如图 1.1 所示。

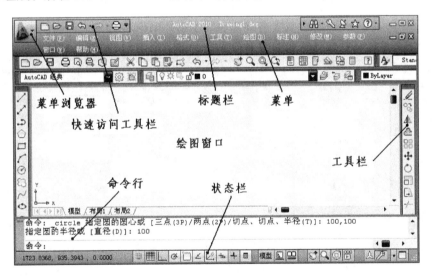

图 1.1 工作界面

1.3.1 标题栏

标题栏位于窗口顶端，用于显示当前正在运行的程序名、文件名等信息，在标题栏上单击鼠标右键或按【Alt＋空格】键，将弹出窗口控制菜单，用户可以用该菜单完成还原、最小化、关闭窗口等操作，如图 1.2 所示。标题栏中的"信息中心"提供了多种信息来源。在文本框中输入需要帮助的问题，单击"搜索"按钮就可以获取相关的帮助。标题栏右端有 3 个按钮,从左至右分别为最小化按钮、最大化(还原)按钮和关闭按钮,单击这些按钮可以使窗口最小化、最大化(还原)和关闭。

图 1.2　标题栏

1.3.2　菜单浏览器和菜单栏

AutoCAD 2010 的"菜单浏览器"按钮位于工作界面的左上方,是选择和搜索命令的工具。单击该按钮,展开浏览器,系统弹出包含了 AutoCAD 功能和命令的菜单,从而方便执行相应的操作。AutoCAD 2010 的菜单栏由文件、编辑、视图、插入、格式、工具、绘图、标注、修改、窗口、帮助等菜单项组成,如图 1.3 所示。在使用菜单命令时应注意以下几点。

- 命令后跟有"▶"符号,表示该命令下还有子命令。
- 命令后跟有快捷键,表示按下快捷键即可执行该命令。
- 命令后跟有组合键,表示直接按组合键即可执行该菜单命令。
- 命令后跟有"…"符号,表示选择该命令可打开一个相应对话框。
- 命令呈现灰色,表示该命令在当前状态下不可使用。

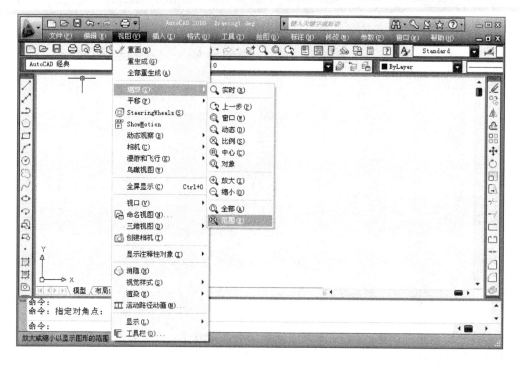

图 1.3　【视图】菜单

1.3.3　快速访问工具栏和工具栏

快速访问工具栏位于"菜单浏览器"按钮的右侧,用于存储经常访问的命令,默认情况下有 6 个命令,分别是【新建】、【打开】、【保存】、【放弃】、【重做】和【打印】,如图 1.4 所示。工具栏是应用程序调用命令的另一种简便方式,它包含许多由图标表示的命令按钮。默认情况下,【标准】、【样式】、【工作空间】、【图层】、【对象特性】、【绘图】和【修改】等工具栏处于打开状态,用户还可以用鼠标按住工具栏一端的两条横杠,将工具栏拖到指定的地方。

图 1.4　快速访问工具栏

1.3.4　绘图窗口

AutoCAD 2010 界面上,中间最大的空白区域便是绘图窗口。绘图窗口相当于手工绘图时的图纸,用户只能在绘图区绘制图形。默认的背景颜色是黑色,用户可以通过【工具】|【选项】改变它的颜色。绘图区没有边界,利用视窗缩放功能,可使绘图区无限增大或缩小。当光标移至绘图区内时,便出现了十字光标或拾取框。绘制图形时光标显示为十字形"＋",拾取编辑对象时显示为拾取框"□"。

绘图区的左下角有两个互相垂直的箭头组成的图形,这是 AutoCAD 的直角坐标系显示标志。窗口底部有一个模型标签和两个布局标签,分别代表绘图的工作空间为模型空间和图纸空间。

1.3.5　命令行

1. 命令行窗口

【命令行】窗口位于绘图窗口的底部,用于接受用户输入的命令,并显示 AutoCAD 提示信息,如图 1.5 所示。

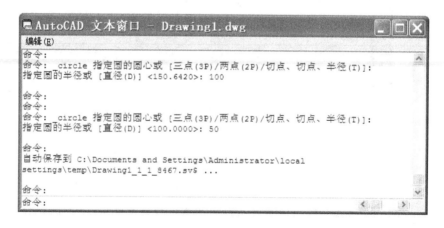

命令: circle 指定圆的圆心或 [三点(3P)/两点(2P)/切点、切点、半径(T)]:
指定圆的半径或 [直径(D)] <100.0000>: 50
命令:

图 1.5 【命令行】窗口

默认情况下,AutoCAD 在窗口中保留最后 3 行所执行的命令或提示信息。用户可以根据需要改变命令行窗口的大小,使其显示多于 3 行或少于 3 行的信息。当 AutoCAD 在命令窗口中显示【命令:】提示符后,即标志着 AutoCAD 准备接收命令。当用户键入一个命令或从菜单、工具栏选择一个命令后,提示区将提示用户要进行的操作,直到命令完成或被中止。每个命令都有自己的一系列提示信息,同一个命令在不同的情况下被执行时,出现的提示信息也不同,初学者一定要注意看命令行的提示,根据提示逐步执行操作命令。

2. 文本窗口

AutoCAD 文本窗口是记录 AutoCAD 命令的窗口,是放大的【命令行】窗口,它记录了用户已执行的命令,也可以用来输入新命令。在 AutoCAD 2010 中,用户可以选择【视图】|【显示】|【文本窗口】菜单命令,或执行 TEXTSCR 命令或按【F2】键来打开它,如图 1.6 所示。

图 1.6 AutoCAD 文本窗口

1.3.6 状态栏

工作界面最下面有一个反映操作状态的状态栏,如图 1.7 所示。状态栏左侧的数字是当前光标所在位置的坐标。状态栏中间的按钮是辅助绘图工具,其功能将在后面的章节中讲述。

图 1.7 状态栏

1.4　执行 AutoCAD 命令

1.4.1　鼠标的使用

鼠标是用户与计算机进行信息交流的重要工具,熟练地使用鼠标可以减少键盘输入的工作量,并提高绘图速度。AutoCAD 中鼠标的基本操作方法如下。

(1)指向:在标准选择状态下,当鼠标箭头移动到某一菜单项按钮上时,该菜单项浮起,表示此菜单被选中,此时单击它,即可执行该命令。

(2)单击鼠标左键:在选择目标状态下,将方框形光标移动到某个目标上,然后单击鼠标左键,即可选中该对象;在正常绘图状态下,在屏幕中某个位置单击鼠标左键,确定光标在绘图区中的具体位置;在屏幕右边或下边,用鼠标拾取滚屏滑块,然后按住鼠标左键,同时移动鼠标,从而移动屏幕;单击鼠标左键,执行所选中的菜单命令或工具栏按钮。

(3)单击鼠标右键:在任一工具栏处单击鼠标右键,可以从弹出的定制工具栏快捷菜单中选择激活或关闭某一工具栏;在对图形进行操作时打开快捷菜单。

1.4.2　功能键和组合键

在 AutoCAD 中,有许多与绘图有关的辅助命令在绘图过程中需要经常执行,为了快速执行和访问这些常用命令,AutoCAD 系统定义了一些功能键和组合键直接执行它们。表 1.1 列出了 AutoCAD 的默认键盘功能键设置,表 1.2 列出了 AutoCAD 的标准键盘组合键设置。

表 1.1　默认功能键

键　名	功　能	有关命令或按钮
F1	打开【帮助】窗口,解决疑难问题	【Help】命令
F2	在文本窗口与图形窗口间切换	
F3	打开/关闭对象捕捉状态	【Osnap】按钮和命令
F4	完成数字化仪状态间的切换	【Tablet mode】按钮
F5	轴测绘图方式状态下,在各绘图面之间进行切换	
F6	打开/关闭坐标显示状态	
F7	打开/关闭网点显示状态	【Grid】命令
F8	打开/关闭正交状态	【Ortho】按钮和命令
F9	打开/关闭网点捕捉状态	【Snap】按钮和命令
F10	打开/关闭自动跟踪状态	【Ploar】按钮
F11	打开/关闭对象捕捉跟踪状态	【Otrack】按钮

表 1.2　标准功能键

组合键	功　能	相关命令
Ctrl+C	将屏幕中被选择的图形复制到剪贴板中	Copyclip
Ctrl+X	将屏幕中被选择的图形剪切至剪贴板中	Cutclip
Ctrl+V	将剪贴板中内容粘贴至当前屏幕中	Pasteclip
Ctrl+Z	连续撤销刚执行过的命令,直至上一次保存文件时的状态	Undo
Ctrl+S	保存当前图形文件	Save As、Save、Qsave
Ctrl+P	将当前图形打印输出	Plot
Ctrl+N	新建图形文件	New
Ctrl+Y	重新执行刚被取消的操作	Redo
Ctrl+O	打开已有图形文件	Open
Ctrl+K	插入超级链接	Hyperlink

在 AutoCAD 中,空格键与 Enter 键有同等的功效。

1.4.3　调用 AutoCAD 命令

调用 AutoCAD 命令通常有以下几种方法。

- 菜单操作:用鼠标单击界面中的下拉菜单,选择需要执行的菜单选项即可。
- 工具栏操作:单击工具栏中相应的图标按钮。
- 命令行:英文输入状态下在命令行输入要执行的英文命令或简写英文命令(Auto-CAD 的命令不区分大小写),并按回车键。
- 快捷菜单操作:在绘图窗口单击鼠标右键,在弹出的快捷菜单中单击相应的菜单选项。

1.4.4　终止命令

在 AutoCAD 中终止一个命令的方法有以下几种。

- 正常完成。
- 在完成之前,按 Esc 键。
- 从菜单或工具栏中调用别的命令,AutoCAD 将自动终止当前正在执行的命令。
- 从当前命令的快捷菜单中选择【取消】选项。

1.5　图形文件的管理

图形文件的管理一般包括创建新文件、打开已有文件、关闭文件和保存文件等操作。

1.5.1　新建图形文件

实现新建图形文件的方法有以下三种。

- 菜单:【文件】|【新建】。
- 工具栏:单击【标准】工具栏中【新建】图标按钮 ▭。
- 命令行:在命令行输入"new"并按回车键(AutoCAD 的命令不区分大小写)。

执行命令后,AutoCAD 将弹出【选择样板】对话框,如图 1.8 所示。

通过此对话框选择对应的样板文件,一般选择样板文件 acadiso.dwt,也可以根据需要选择自己定制的样板文件,单击【打开】按钮,便可以对应的样板为模板创建新图形。

1.5.2　打开图形文件

实现打开图形文件的方法有以下三种。

- 菜单:【文件】|【打开】。
- 工具栏:单击【标准】工具栏中【打开】图标按钮 ▭。
- 命令行:在命令行输入"open"并按回车键。

执行命令后,AutoCAD 将弹出【选择文件】对话框,如图 1.9 所示,通过此对话框选择要打开的文件后,在右侧的"预览"框中将显示该图形的预览图像,单击【打开】按钮即可打开该文件。

图 1.8　【选择样板】对话框　　　　　　图 1.9　【选择文件】对话框

　　AutoCAD 2010 支持多文档操作,即可以同时打开多个图形文件,并可以通过【窗口】下拉菜单中的对应项确定所打开图形的排列形式。

1.5.3　保存图形文件

保存文件分【快速保存】和【另存为】。

【快速保存】指保存对当前文件所进行的修改,即使用当前文件的名称和文件类型保存。调用命令方法如下。

- 菜单:【文件】|【保存】命令项。
- 工具栏:单击【标准】工具栏【保存】图标按钮 ▭。

- 命令行:输入"qsave"命令。
- 快捷键:【Ctrl+S】。

【另存为】指的是换名存储或换文件格式存储,保存为另一个文件名或另一种文件格式。调用命令方法如下。

- 菜单:【文件】|【另存为】命令项。
- 命令行:输入"save"命令。

调用【另存为】命令后,系统弹出【图形另存为】对话框,如图 1.10 所示。为图形命名和确定文件类型后,单击【保存】按钮即可实现图形文件另存。

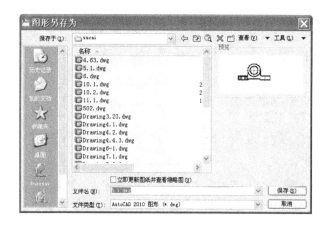

图 1.10 【图形另存为】对话框

1.5.4 加密保护绘图数据

在 AutoCAD 2010 中保存文件时可以使用密码保护功能,对文件进行加密保存。执行【文件】|【另存为】命令项,系统弹出【图形另存为】对话框,在该对话框中选择【工具】|【安全选项】,如图 1.11 所示。在|【密码】选项卡中的【用于打开此图形的密码或短语】文本框中输入密码,单击【确定】按钮,打开【确认密码】对话框,在【再次输入用于打开此图形的密码】文本框中输入确认密码,如图 1.12 所示。为文件设置了密码后,在打开文件时系统将打开【密码】对话框,要求输入正确的密码,否则无法打开该文件。

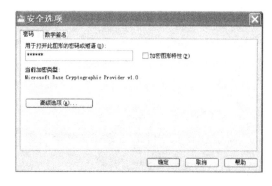

图 1.11 【安全选项】对话框

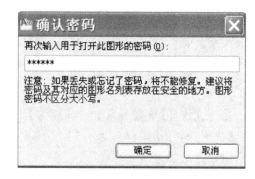

图 1.12 【确认密码】对话框

1.5.5 关闭图形文件

实现关闭图形文件的方法有以下三种。

- 菜单:【文件】|【关闭】。
- 工具栏:单击图形窗口右上角的关闭按钮。
- 命令行:在命令行输入"close"并按回车键。

执行命令后,即可关闭当前图形文件。如果当前图形没有保存,系统将弹出警告对话框,提示是否保存,如图 1.13 所示。单击【是】或按回车键,可以保存当前文件并将其关闭;单击【否】,可以关闭当前文件但不保存;单击【取消】,取消关闭当前文件,既不保存也不关闭当前文件。

图 1.13 信息提示对话框

1.6 坐 标

1.6.1 坐标系

AutoCAD 提供了两种坐标系:直角坐标(笛卡尔坐标)和极坐标。

直角坐标系使用 3 个互相垂直的坐标轴,即 X 轴、Y 轴和 Z 轴,图形中的每个位置都可以用一个相对于坐标原点(0,0,0)的点坐标来表示。在创建二维对象时,平面上的每个点可以用一对由 X 坐标和 Y 坐标组成的坐标值来表示。每个 AutoCAD 图形都使用一个固定的坐标系统,这个坐标系指的是世界坐标系(WCS)。此外,还可以在任意位置、沿任意方向定义用户坐标系(UCS)。

AutoCAD 还提供了极坐标,方便用户直接输入需要用角度进行定位的坐标。极坐标是指定点与固定点之间的距离和角度。在 AutoCAD 中,通过指定距基准点的距离及指定从零角度开始测量的角度来确定极坐标值。在 AutoCAD 中,测量角度值的默认方向是逆时针方向。

1.6.2 坐标表示方法

1. 绝对坐标

(1) 直角坐标:用户可以用小数、分数或科学记数等形式输入点的 X、Y、Z 坐标值,坐标值间用逗号隔开,如(20,30,0)为合法的坐标值。

(2) 极坐标:极坐标也是把输入值看成是对(0,0)的位移,只不过给定的是距离和角度,其中距离和角度用"<"号分开,"<"号左端表示距离,右端表示角度,且规定 X 轴正向为 0°,Y 轴正向为 90°,如 86<30 为合法的极坐标。

2. 相对坐标

在 AutoCAD 中,直角坐标和极坐标都可以指定相对坐标。其表示方法是在绝对坐标表达式前加@符号,如@(20,30)和@86<30 均为合法的相对坐标。需要说明的是,在相对极坐标中,角度为新点与上一点连线与 X 轴的夹角。

绘图时,绝对坐标与相对坐标之间可以通过单击状态栏中的 ⊥ 按钮进行切换。

1.7 控制图形显示

按一定比例、观察位置和角度显示的图形称为视图。在 AutoCAD 中,用户可以使用多种方法来观察绘图窗口中的图形。

1.7.1 缩放视图

在 AutoCAD 中,可以通过缩放视图来观察图形对象。缩放视图可以增加或减少图形对象的屏幕显示尺寸,但对象的真实尺寸保持不变。通过改变显示区域和图形对象的大小更准确、更详细地绘图。启动缩放命令有下列几种方式。

(1) 菜单:【视图】|【缩放】,弹出缩放子菜单,选择其中的某一选项即可启动相应的缩放命令,如图 1.14 所示。

(2) 工具栏:单击【标准】工具栏或【缩放】工具栏中的按钮,如图 1.15 所示。

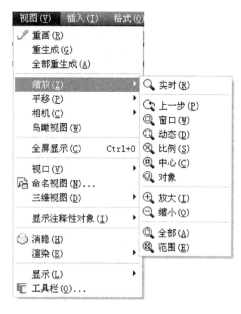

图 1.14 【缩放】菜单命令

图 1.15 【缩放】工具栏

(3) 命令行:输入"zoom"或"z"并按回车键。

启动缩放命令之后,在命令行提示信息:

指定窗口的角点,输入比例因子 (nX 或 nXP),或者

[全部(A)/中心(C)/动态(D)/范围(E)/上一个(P)/比例(S)/窗口(W)/对象(O)]＜实时＞：

上述提示的第一行说明用户可以直接确定窗口的角点位置或输入比例因子。如果直接确定窗口的一个角点位置,即在绘图区域内确定一点,AutoCAD 提示:

指定对角点：

在该提示下确定窗口的对角点位置后,AutoCAD 把以这两个角点确定的矩形窗口区域中的图形满屏显示。此外,用户也可以直接输入比例因子。如果输入的比例因子是具体的数值,图形将按该比例值实现绝对缩放,即相对于实际尺寸进行缩放;如果在比例因子后面加 X,图形将实现相对缩放,即相对于当前显示图形的大小进行缩放;如果在比例因子后面加 XP,则图形相对于图纸空间进行缩放。

第二行提示中的各选项意义如下。

- 全部(A):在图形屏幕内显示所有图形实体。
- 中心(C):设置图形的显示中心和放大倍数进行缩放。
- 动态(D):动态缩放图形。
- 范围(E):AutoCAD 将尽可能大地显示整个图形,而与图形的边界无关。
- 上一个(P):用来恢复上一次显示的图形视区。
- 比例(S):允许用户输入一个数值作为缩放系数进行视图的缩放。
- 窗口(W):用一个窗口确定缩放区,系统将选定的区域全屏显示。
- 实时(R):为系统默认项,直接按回车键则选中该项。

1.7.2　平移

使用 AutoCAD 绘图时,当前图形文件中的所有图形对象不一定全部显示在屏幕内。如果想观察落在当前屏幕外的图形,可以使用视窗平移命令 Pan。平移视窗操作直观形象而且简便,因此在绘图中经常使用。

启动视窗平移(Pan)命令有以下三种方式。

(1) 菜单:【视图】|【平移】子菜单。

(2) 工具栏:单击标准工具栏中的 <img> 按钮。

(3) 命令行:输入"pan"或"p"并按回车键。

在以上的三种方式中,使用菜单操作时会出现几个不同的选项,而使用工具栏或直接输入命令则只有一种平移方式。

打开【视图】菜单下的【平移】子菜单,如图 1.16 所示,共有如下 6 个选项。

- 【实时】:可以直接用当前光标(手的形状)任意拖动视图,直至位置满意为止。
- 【定点】:输入两个点,这两个点之间的方向和距离便是视图平移的方向和距离。
- 【左】、【右】、【上】、【下】:分别向上、向下、向左、向右 4 个方向平移视图。

图 1.16　【平移】子菜单

1.8 设置绘图环境

1.8.1 设置参数选项

选择【工具】|【选项】命令,打开【选项】对话框。在该对话框中包含【文件】、【显示】、【打开和保存】、【打印和发布】、【系统】、【用户系统配置】、【草图】、【三维建模】、【选择集】、【配置】10个选项卡,如图1.17所示。

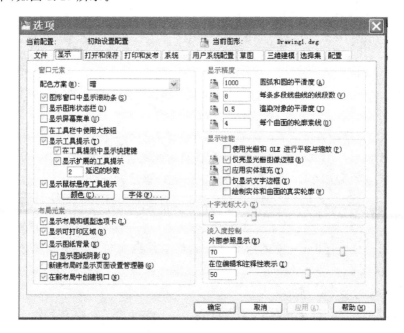

图 1.17 【选项】对话框

【文件】选项卡:用于确定 AutoCAD 搜索支持文件、驱动程序文件、菜单文件和其他文件时的路径以及用户定义的一些设置。

【显示】选项卡:用于设置窗口元素、布局元素、显示精度、显示性能、十字光标大小和参照编辑的褪色度等显示属性。

【打开和保存】:用于设置是否自动保存文件,以及自动保存文件的时间间隔,是否维护日志,以及是否加载外部参照等。

【打印和发布】:用于设置 AutoCAD 输出设备。

【系统】:用于设置当前三维图形的显示特性,设置定点设备、是否显示 OLE 特性对话框、是否显示所有警告信息等。

【用户系统配置】:用于设置是否使用快捷菜单、是否关联标注以及线宽设置等。

【草图】:用于设置自动捕捉、自动追踪、自动捕捉标记框颜色和大小等。

【三维建模】:用于设置三维十字光标、UCS 图标、动态输入、三维对象等选项。

【选择集】:用于设置选择模式、拾取框大小以及夹点大小颜色等。

【配置】:用于实现新建系统配置文件、重命名系统配置文件以及删除系统配置文件等操作。

1.8.2　设置图形单位

图形单位是指设计中采用的单位,创建的图形对象都是根据图形单位进行测量的。在 AutoCAD 中,选择【格式】|【单位】命令,打开【图形单位】对话框,用户可以设置选择绘图时使用的长度单位、角度单位以及方向,如图 1.18 所示。

【长度】:AutoCAD 提供了 5 种长度单位类型:分数、工程、建筑、科学、小数。其中,小数是常用的十进制计数方式,也是符合国标标准的长度单位类型。精度选项可根据实际需要选择,机械设计通常选择"0.00",精确到小数点后 2 位。对于工程类图纸一般选择"0",精确到整数位。

【角度】:AutoCAD 提供了 5 种角度单位类型:百分度、度/分/秒、弧度、勘测单位、十进制度数。通常选择十进制度数表示角度值。

【顺时针】:该复选框用于指定角度的测量正方向,默认情况下逆时针为正方向。

【方向设置】:在【图形单位】对话框底部,单击【方向】按钮,弹出【方向控制】对话框,如图 1.19 所示。在对话框中可以设定起始角(0°角)的方位,通常选择"东"为 0°角的方向。

图 1.18　【图形单位】对话框

图 1.19　【方向控制】对话框

1.8.3　设置图形界限

图形界限就是绘图区域,即 AutoCAD 中进行设计和绘图的窗口。调用设置图形界限的方法如下。

* 菜单:【格式】|【图形界限】。
* 命令行:在命令行输入"limits"并按回车键。

执行命令后,命令行提示:

指定左下角点或【开(ON)/关(OFF)】＜0.0000,0.0000＞：

指定右上角点＜420.0000,297.0000＞：

由左下角和右上角点所确定的矩形区域即为图形界限,它也决定能显示栅格的绘图区域。通常不改变图形界限左下角点的位置,只需给出右上角点的坐标,即区域的宽度和高度。默认的绘图区域为 420 mm×297 mm,即国标 A3 图幅。绘制工程图样时,应采用国标中规定的图纸幅面及图框尺寸。在模型空间中绘图,可以不受图纸大小的约束,直接按 1∶1 的比例绘制即可。

在实际设计时,一般将设置好绘图环境的文件保存成样板文件,绘制同一格式的文件时,只需打开样板文件即可。

1.9 上机实训

要求：以 acadiso.dwt 为样板新建图形文件,对其进行有关设置,完成图形并保存。

(1) 以 acadiso.dwt 为样板新建文件。

选择【文件】|【新建】,建立一个新图形文件,如图 1.20 所示。

(2) 将绘图窗口的背景颜色由黑色设置为白色。

① 选择【工具】|【选项】命令,打开【选项】对话框,如图 1.17 所示。

② 选择【显示】选项卡,在【窗口元素】选项区域中单击【颜色】按钮,打开【图形窗口颜色】对话框,如图 1.21 所示。

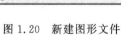

图 1.20 新建图形文件

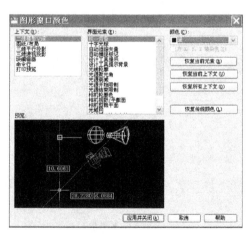

图 1.21 【图形窗口颜色】对话框

③ 在【颜色】选项中选择白色,如图 1.22 所示。单击【应用并关闭】按钮,返回【选项】对话框,单击【确定】按钮,完成设置。

(3) 设置绘图界限：以左下角(0,0)和右上角(594,420)为图形界限。

① 选择【格式】|【图形界限】,在命令行的"指定左下角点或［开(ON)/关(OFF)］＜0.0000,0.0000＞"提示下,输入绘图图限的左下角点(0,0)后按回车键。

② 在命令行"指定右上角点＜420.0000,297.0000＞："提示下输入右上角点(594,420)

后按回车键。

③ 在状态栏中单击【栅格】按钮，可显示图限区域。

（4）设置绘图单位：将长度单位设为小数，精度为 0.00；将角度单位设为十进制度数，精度为 0；其余为默认设置。

① 选择【格式】|【单位】，打开【图形单位】对话框，如图 1.23 所示。

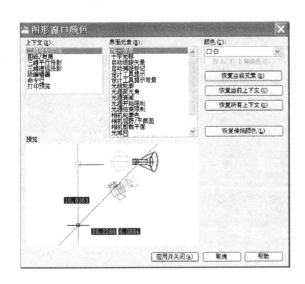

图 1.22 设置窗口颜色   图 1.23 【图形单位】对话框

② 在【长度】选项区域的【类型】下拉列表框中选择【小数】，在【精度】下拉列表框中选择 0.00。

③ 在【角度】选项区域的【类型】下拉列表框中选择【十进制度数】，在【精度】下拉列表框中选择 0，结果如图 1.24 所示。

（5）使用 4 种坐标表示法绘制如图 1.25 所示的图形。

图 1.24 设置图形单位

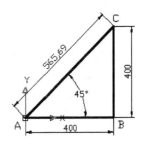

图 1.25 图形样例

17

• 使用绝对直角坐标

① 选择【绘图】|【直线】,在命令行"指定第一点:"提示下输入 A 点直角坐标(0,0);

② 在"指定下一点或[放弃(U)]:"提示下输入 B 点直角坐标(400,0);

③ 在"指定下一点或[放弃(U)]:"提示下输入 C 点直角坐标(400,400);

④ 在"指定下一点或[闭合(C)/放弃(U)]:"提示下输入 C,然后按回车键,即可完成图形。

• 使用绝对极坐标

① 选择【绘图】|【直线】,在命令行"指定第一点:"提示下输入 A 点极坐标(0<0);

② 在"指定下一点或[放弃(U)]:"提示下输入 B 点极坐标(400<0);

③ 在"指定下一点或[放弃(U)]:"提示下输入 C 点极坐标(565.69<45);

④ 在"指定下一点或[闭合(C)/放弃(U)]:"提示下输入 C,然后按回车键。

• 使用相对直角坐标

① 选择【绘图】|【直线】,在命令行"指定第一点:"提示下输入 A 点直角坐标(0,0);

② 在"指定下一点或[放弃(U)]:"提示下输入 B 点相对于 A 点的直角坐标@(400,0);

③ 在"指定下一点或[放弃(U)]:"提示下输入 C 点相对于 B 点的直角坐标@(0,400);

④ 在"指定下一点或[闭合(C)/放弃(U)]:"提示下输入 C,然后按回车键。

• 使用相对极坐标

① 选择【绘图】|【直线】,在命令行"指定第一点:"提示下输入 A 点极坐标(0<0);

② 在"指定下一点或[放弃(U)]:"提示下输入 B 点相对于 A 点的极坐标@(400<0);

③ 在"指定下一点或[放弃(U)]:"提示下输入 C 点相对于 B 点的极坐标@(400<90);

④ 在"指定下一点或[闭合(C)/放弃(U)]:"提示下输入 C,然后按回车键。

(6) 保存图形文件,将图形以文件名"实训 1"保存。

选择【文件】|【保存】,打开【图形另存为】对话框,将文件名设为"实训 1",确定保存位置,单击【保存】按钮,如图 1.26 所示。

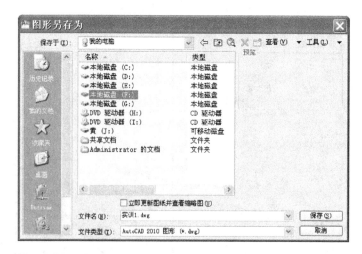

图 1.26　保存图形文件

本 章 小 结

本章介绍了 AutoCAD 的发展以及 AutoCAD 的主要功能,重点介绍了与 AutoCAD 2010 相关的一些基本概念和基本操作,其中包括 AutoCAD 2010 工作界面的组成及各部分的功能;AutoCAD 命令及其执行方式;图形文件管理,包括新建、打开、保存图形;坐标及其使用;绘图时的基本设置,如设置绘图界限、绘图单位、绘图环境、系统变量等。熟练掌握这些概念和操作是学习后面章节内容的基础。

习　题

一、问答题

1. AutoCAD 2010 主要有哪些功能?

2. AutoCAD 2010 中的工作界面主要包含哪些内容?

3. 如何创建、保存、打开、关闭图形文件?

4. 简述执行 AutoCAD 命令的方法。

5. 简述 AutoCAD 2010 中坐标的表示方法。

二、实训题

以样板文件"acadiso.dwt"开始绘制一幅新图形,并对其进行如下设置:

(1) 绘图界限:将绘图界限设成 A4 图幅,尺寸为 297×210。

(2) 绘图单位:将长度单位设为小数,精度为整数位;将角度单位设为十进制度数,精度为整数位,其余为默认设置。

(3) 采用不同的坐标输入方法绘制一个 150×100 的矩形图形。

(4) 将图形以文件名 A4 保存在桌面上。

第2章 绘制简单二维图形

教学目标

- 掌握点的创建及等分对象的方法
- 掌握线类、圆弧类、多边形等对象的绘制方法
- 掌握图案填充的方法
- 掌握面域的创建与运算

任何图形都可以分解成简单的点、线、面等基本图形。利用 AutoCAD 绘图工具可直接绘制各类简单二维图形对象,其中包括点、直线、多段线、圆及圆弧、多边形和样条曲线等。

2.1 【绘图】菜单及工具栏

AutoCAD 中,菜单栏基本包含了控制 AutoCAD 运行的各种功能和命令。大多数菜单项都代表相应的 AutoCAD 命令。本节主要介绍【绘图】下拉菜单和工具栏。

2.1.1 【绘图】下拉菜单

【绘图】下拉菜单包括了所有二维图形的绘制命令,如图 2.1 所示。它包括直线类、多边形类、曲线类以及点的绘制等,用鼠标单击相应的菜单项即可执行该命令。

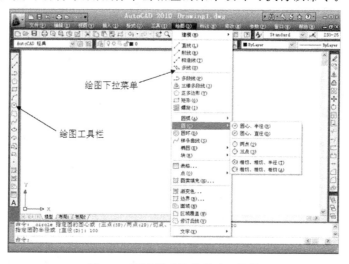

图 2.1 【绘图】下拉菜单及工具栏

2.1.2　【绘图】工具栏

工具栏是执行各种操作命令的快捷方式的集合。在默认环境中,【绘图】工具栏位于屏幕左侧,如图 2.1 所示,命令依次是直线 、构造线 、多段线 、正多边形 、矩形 、圆弧 、圆 、修订云线 、样条曲线 、椭圆 、椭圆弧 、插入块 、创建块 、点 、图案填充 、渐变色 、面域 、表格 、多行文字 **A** 等。

用户可改变工具栏的行列设置,只需将光标移到工具栏的边界上,光标变为一个双箭头时拖动工具栏,即可改变其形状。

2.2　绘制点

点是组成图形的最基本的对象,AutoCAD 2010 提供了多种点的绘制方法,用户可以根据不同的需要,选择相应的绘制方式。

2.2.1　绘制单独的点

为了方便查看和区分点,在绘制点之前应先给点定义一种样式。执行【格式】下拉菜单,选择【点样式】,弹出如图 2.2 所示的【点样式】对话框,选择其中一种点的样式,单击【确定】按钮。

点命令执行方法如下。

- 菜单:【绘图】|【点】|【单点】。
- 工具栏:单击【绘图】工具栏中的 按钮。
- 命令行:在命令行输入"point"或"po"并按回车键。

执行命令后,命令行提示如下:

命令:_point

当前点模式:PDMODE = 0　PDSIZE = 0.0000　此行说明当前所绘点的模式和大小。

指定点: 可以在屏幕上用鼠标选择任意位置或输入坐标值完成一个点。

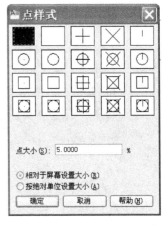

图2.2　【点样式】对话框

2.2.2　绘制定数等分点

绘图时,有时需要将对象等分或找出等分点,这时可以调用 AutoCAD 中专门用于绘制等分点的命令。如图 2.3 所示,把长度为 200 mm 的直线四等分,设置点的格式后,执行下拉菜单【绘图】|【点】|【定数等分】,命令行提示如下。

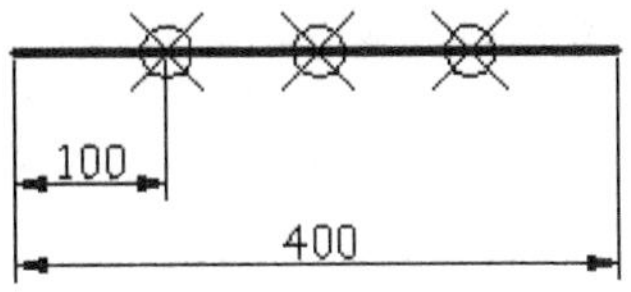

图 2.3　四等分线段

命令:_divide

选择要定数等分的对象: 选择直线。

输入线段数目或[块(B)]: 输入等分数 4,按回车键。

2.2.3 绘制定距等分点

定距等分点是按指定的距离,在指定对象上绘制多个点,各点之间的距离为指定长度,如果指定对象不能被指定长度整除,则最后一段为剩余长度。如图 2.4 所示,在长度为 400 mm 的直线上标出距离为 110 的点,以左端点为起点,执行下拉菜单【绘图】|【点】|【定距等分】,命令行提示如下。

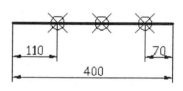

图 2.4　绘制定距等分点

命令:_measure

选择要定距等分的对象: 靠近左端点,拾取直线。

指定线段长度或[块(B)]:110 输入距离值 110,按回车键。

2.3　绘制线类对象

利用 AutoCAD 绘图工具,可以绘制各种线类对象,如线段、射线、构造线、多线、多段线、样条曲线等。

2.3.1 绘制直线

直线是构成图形对象的基本元素,它是通过指定直线的起点和终点完成的。直线命令的执行方法如下。

- 菜单:【绘图】|【直线】。
- 工具栏:单击【绘图】工具栏中的 ╱ 按钮。
- 命令行:输入"line"或"l"并按回车键。

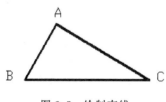

图 2.5　绘制直线

执行直线命令,既可绘制单条直线,也可连续绘制直线。绘制连续的直线时,前一条直线的终点被作为下一条直线的起点。如果在画线提示下输入"C"表示绘制封闭图形,即让最后一段直线的终点与第一条直线的起点重合;如果在命令提示下输入"U",表示取消最后绘制的一段线段。例如,绘制如图 2.5 所示图形,执行【绘图】|【直线】命令,命令行提示如下。

命令:_line 指定第一点: 任意指定一点 A 点为起点。

指定下一点或 [放弃(U)]: 拾取 B 点,指定第一条直线终点。

指定下一点或 [放弃(U)]: 拾取 C 点。

指定下一点或 [闭合(C)/放弃(U)]:C 输入 C 后按回车键,连接 C 点和 A 点,绘制第三条直线封闭图形,并结束 line 命令。

2.3.2 绘制射线

射线是一端有端点,另一端无限延伸的直线。AutoCAD 可以绘制出以给定点为起始点,通过定点向单方向无限延伸的射线。射线命令的执行方法如下。

- 菜单:【绘图】|【射线】。
- 命令行:命令行输入"ray"并按回车键。

如图 2.6 所示。执行命令后,命令行提示如下。

命令:_ray 指定起点: 指定 A 点为起点。

指定通过点: 选定 B 点为通过点。

指定通过点: 可以继续绘制射线或按回车键结束命令。

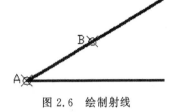

图 2.6 绘制射线

2.3.3 绘制构造线

构造线可以放置在三维空间的任何地方,可以使用多种方法指定它的方向。该命令执行方法如下。

- 菜单:【绘图】|【构造线】。
- 工具栏:单击【绘图】工具栏中的 按钮。
- 命令行:在命令行输入"xline"或"xl"并按回车键。

创建构造线的默认方法是两点法:指定两点定义方向。调用构造线命令后出现如下多个选项。

1. 水平构造线

该选项用于绘制通过指定点并与当前 UCS 的 X 轴平行的构造线。绘制水平构造线的具体操作命令行提示如下。

命令:_xline 指定点或 [水平(H)/垂直(V)/角度(A)/二等分(B)/偏移(O)]: 在该提示下输入 H 即选取水平构造线。

指定通过点: 确定绘制水平构造线通过的点。

在此提示下用户可以用鼠标在屏幕上拾取任一点,或直接输入该点的坐标并按回车键。AutoCAD 将继续给出"指定通过点"提示,可以继续确定第二条水平构造线通过的点,绘制完成后按回车键,结束水平构造线的绘制。

2. 垂直构造线

该选项用于绘制通过指定点与当前 UCS 的 Y 轴平行的构造线。具体操作步骤除在第二步选项命令中输入 V 外,其余步骤与水平构造线完全相同。图 2.7 所示为通过 A 点的水平构造线和垂直构造线。

3. 角度构造线

该选项用于绘制通过指定点来创建与水平轴 X 轴成指定角度的构造线。绘制角度构造线的具体操作步骤如下。

命令:_xline 指定点或 [水平(H)/垂直(V)/角度(A)/二等分(B)/偏移(O)]:a 在该提示下输入 A 即选取构造线角度。

输入构造线的角度 (0) 或 [参照(R)]:45 直接输入角度并按回车键。

指定通过点: 指定角度构造线通过的 A 点。

指定通过点: 继续绘制或按回车键结束命令。

图 2.8 所示为一条通过 A 点的 45°角的构造线和 0°角的构造线。

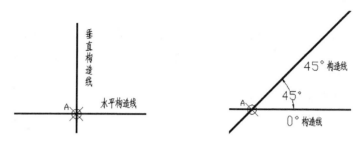

图 2.7　水平构造线和垂直构造线　　　　图 2.8　绘制角度构造线

4. 二等分构造线

该选项用于绘制指定角的二等分构造线。

命令：_xline 指定点或 ［水平(H)/垂直(V)/角度(A)/二等分(B)/偏移(O)］：b　输入 B 即选取二等分构造线。

指定角的顶点：　指定二等分角的顶点 A。

指定角的起点：　指定二等分角的起点 B。

指定角的端点：　指定二等分角的端点 C。

指定角的端点：　继续绘制等分构造线或按回车键结束。

图 2.9 所示为绘制出经过顶点 A 且平分角 BAC 的构造线。

5. 偏移构造线

该选项用于绘制平行于指定基线的相距指定距离的构造线。首先要指定偏移距离，然后选择基线，最后指明构造线位于基线的哪一侧。绘制偏移构造线的具体步骤如下。

命令：_xline 指定点或 ［水平(H)/垂直(V)/角度(A)/二等分(B)/偏移(O)］：O　在该提示下输入 O 即偏移构造线。

指定偏移距离或 ［通过(T)］＜通过＞：50　输入偏移距离 50。

选择直线对象：　选定所要偏移的直线。

指定向哪侧偏移：　选取所要偏移直线的两侧中的一侧。

选择直线对象：　继续选择直线对象或按回车键结束命令。

绘制结果如图 2.10 所示。

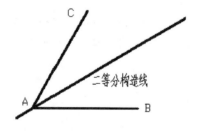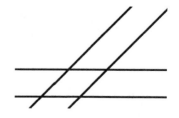

图 2.9　绘制二等分构造线　　　　图 2.10　绘制偏移构造线

2.3.4　绘制多线

多线是由多条平行线组成的组合对象，它包含 1～16 条平行线。这些平行线称为元素，通常用于绘制工程制图中的墙体、电子线路图等平行线对象。

1. 绘制多线

多线命令执行方法如下。

- 菜单:【绘图】|【多线】。
- 命令行:在命令行输入"mline"或"ml"并按回车键。

执行命令后,命令行提示如下。

命令:_mline

当前设置:对正 = 上,比例 = 20.00,样式 = STANDARD　说明当前多线的设置和样式。

指定起点或 [对正(J)/比例(S)/样式(ST)]:　对正选项用于控制从左向右绘制多线时,光标控制着那条线;比例选项用于控制绘制时多线的宽度相对于定义宽度的比例因子;样式用于选择设置的多线样式。

指定下一点:

指定下一点或 [放弃(U)]:

指定下一点或 [闭合(C)/放弃(U)]:　绘制完成后,按回车键结束命令。

如图 2.11 所示,图 2.11(a)比例为 20,图 2.11(b)比例为 40。

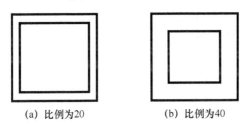

(a) 比例为20　　　　　(b) 比例为40

图 2.11　绘制多线

2. 创建多线样式

执行【格式】|【多线样式】命令,系统弹出【多线样式】对话框,如图 2.12 所示。此对话框中提供了当前正在使用的多线及其名称。单击【新建】按钮可重新定义多线样式,新建样式名称后就可以设定各线的偏移量、颜色及线型等,如图 2.13 所示。

图 2.12　【多线样式】对话框

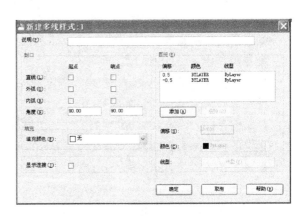

图 2.13　【新建多线样式】对话框

2.3.5 多段线

多段线是一种可以由直线、圆弧组成的可以设置宽度的组合体,在绘图中应用非常广泛。执行多段线命令的方法如下。

- 菜单:【绘图】|【多段线】。
- 工具栏:在【绘图】工具栏上单击图标 。
- 命令行:输入"pline"或"pl"并按回车键。

执行命令后,AutoCAD 将提示如下。

命令:_pline

指定起点:

当前线宽为 0.0000

指定下一个点或 [圆弧(A)/半宽(H)/长度(L)/放弃(U)/宽度(W)]:

各选项的功能如下。

- 圆弧(A):从绘制直线方式切换到绘制圆弧方式。
- 半宽(H)或 宽度(W):设置多段线的半宽或宽度,可以分别设置起点或终点宽度。
- 长度(L):指定绘制的线段的长度。
- 放弃(U):删除多段线上的上一段直线段或圆弧段,方便及时修改绘制过程中出现的错误。

绘制如图 2.14 所示图形,其操作过程如下。

命令:_pline

图 2.14　绘制多段线

指定起点: 　拾取起始位置。

指定下一个点或 [圆弧(A)/半宽(H)/长度(L)/放弃(U)/宽度(W)]:l　切换至输入长度。

指定直线的长度:250　输入长度值。

指定下一点或 [圆弧(A)/闭合(C)/半宽(H)/长度(L)/放弃(U)/宽度(W)]:a　切换至绘制圆弧。

指定圆弧的端点或[角度(A)/圆心(CE)/闭合(CL)/方向(D)/半宽(H)/直线(L)/半径(R)/第二个点(S)/放弃(U)/宽度(W)]:a　指定圆弧包含角度。

指定包含角:-180　输入圆弧包含角。

指定圆弧的端点或 [圆心(CE)/半径(R)]:r　设定半径。

指定圆弧的半径:50　输入半径值。

指定圆弧的弦方向 <0>:-90　指定方向。

指定圆弧的端点或[角度(A)/圆心(CE)/闭合(CL)/方向(D)/半宽(H)/直线(L)/半径(R)/第二个点(S)/放弃(U)/宽度(W)]:l　切换至直线。

指定下一点或 [圆弧(A)/闭合(C)/半宽(H)/长度(L)/放弃(U)/宽度(W)]:l　输入长度。

指定直线的长度:30　输入长度值。

指定下一点或 [圆弧(A)/闭合(C)/半宽(H)/长度(L)/放弃(U)/宽度(W)]:w　设置宽度。

指定起点宽度 <20.0000>:40　输入起点宽度值。

指定端点宽度 <40.0000>:0　输入终点宽度值。

指定下一点或〔圆弧(A)/闭合(C)/半宽(H)/长度(L)/放弃(U)/宽度(W)〕：1　指定长度。

指定直线的长度：100　输入长度值。

指定下一点或〔圆弧(A)/闭合(C)/半宽(H)/长度(L)/放弃(U)/宽度(W)〕：　按回车键结束命令。

2.3.6　绘制样条曲线

样条曲线是一种比较特殊的线条,它可在各控制点之间生成一条光滑的曲线,主要用于创建形状不规则的曲线,如波浪线、相贯线、截交线的绘制。

样条曲线是由用户给定若干点,AutoCAD 自动生成的一条光滑曲线。绘制该曲线必须给定 3 个以上的点,而要想画出的样条曲线具有更多的波浪时,就要给定更多的点。下面以图 2.15 为例来说明样条曲线命令的用法。

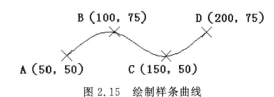

图 2.15　绘制样条曲线

- 菜单:【绘图】|【样条曲线】。
- 工具栏:单击【绘图】工具栏中【样条曲线】工具按钮～。
- 命令行:输入"spline"并按回车键。

执行命令后,系统将出现如下提示。

命令:spline

指定第一个点或〔对象(O)〕:50,50　指定 A 点。

指定下一点:100,75　指定 B 点。

指定下一点或〔闭合(C)/拟合公差(F)〕＜起点切向＞:150,50　指定 C 点。

指定下一点或〔闭合(C)/拟合公差(F)〕＜起点切向＞:200,75　指定 D 点。

指定下一点或〔闭合(C)/拟合公差(F)〕＜起点切向＞:　按回车键结束指定点。

指定起点切向:　在该提示下拾取一点来定义切向。移动鼠标单击确定起点切线方向,直接按回车键,切向为系统默认方向。

指定端点切向:　确定样条曲线第二点。

当确定样条曲线第二点后,AutoCAD 显示:

指定下一点或〔闭合(C)/拟合公差(F)〕＜起点切向＞:

其中各选项的意义如下。

- 【指定下一个点】:默认时继续确定其他数据点,如果此时按回车键,AutoCAD 提示用户指定起点的切向,然后结束该命令。如果输入"U"后按回车键,则取消上一选取点。
- 【闭合(C)】:使得样条曲线起始点、结束点重合和共享相同的顶点和切向。封闭样条曲线时,AutoCAD 只提示一次,让用户确定切向。
- 【拟合公差(F)】:控制样条曲线对数据点接近程度,拟合公差大小对当前图形单元有效。公差越小,样条曲线就越接近数据点。如果为 0,则表明样条曲线精确通过数据点。

- 【放弃(U)】：该选项不在提示区中出现，但可以在选取任何点后输入"U"并按回车键，以取消此段。

2.3.7　使用 SKETCH 命令徒手绘图

在绘图过程中，用户有时候需要绘制一些没有任何规律的任意曲线，此时会用到徒手绘图功能。通过徒手绘图功能，用户可以使用鼠标在绘图区域内绘制任意形状的曲线。

可在命令行输入"sketch"来执行徒手画线命令，调用该命令后，命令行提示如下。

命令：sketch

记录增量<1.000>：

徒手画. 画笔(P)/退出(X)/结束(Q)/记录(R)/删除(E)/连接(C)。

各选项功能如下。

- 【画笔(P)】：该选项用于在落笔或提笔之间切换。单击鼠标可起到相同的作用。
- 【退出(X)】：该选项记录在图形文件中已生成的草绘线段并返回"命令："状态，也可按空格键或 Enter 键退出。
- 【结束(Q)】：不保存已生成的草绘线段并退出 sketch 命令，按 Esc 键具有相同效果。
- 【记录(R)】：该选项可使用户退出 sketch 命令，并在图形文件中存储已经生成的草绘线段。一旦对所绘草绘线段作存储后，就不能用 sketch 的"删除(E)"选项删除了。
- 【删除(E)】：删除所有未记录的草绘线段。

图 2.16　绘制徒手线

- 【连接(C)】：这个选项将光标所指位置用一条线与激活草绘线段链的最近的端点连接起来。当完成了草绘线段的绘制之后，也可以使用普通的 AutoCAD 的编辑技术来将所完成的草绘线段与其他图元连接。

图 2.16 所示为调用 sketch 命令之后绘制的图形。

2.4　绘制圆弧类对象

圆及圆弧是作图过程中经常遇到的两种基本对象，AutoCAD 提供了强大的曲线绘制功能，用户可方便地绘制圆、圆弧和圆环等图形对象。

2.4.1　绘制圆

AutoCAD 2010 提供了多种绘制圆的方法，【圆】命令执行方法如下。

- 菜单：【绘图】|【圆】。
- 工具栏：单击【绘图】工具栏中的 ⊙ 按钮。
- 命令行：输入"circle"或"c"并按回车键。

执行菜单命令：【绘图】|【圆】，即可出现如图 2.17 所示的级联菜单。

图 2.17　【圆】命令级联菜单

1．圆心半径法或圆心直径法

圆心半径法是 AutoCAD 所默认的绘图方法,用此方法绘制圆的具体步骤如下。

命令：_circle 指定圆的圆心或［三点(3P)/两点(2P)/切点、切点、半径(T)］： 在此提示下指定圆心的位置,屏幕上将会显示一个圆,随着光标的移动,圆的尺寸改变。

指定圆的半径或［直径(D)］<100.0000>：100 直接输入半径值并按回车键可得圆,如图 2.18 所示;输入 D 后按回车键,再输入直径值,按回车键之后可得圆,如图 2.19 所示。

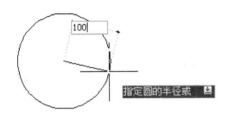

图 2.18 输入半径值绘制圆

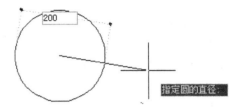

图 2.19 输入直径值绘制圆

2．两点法

已知的两个点连成一条直线可以构成圆的圆心和直径,从而确定唯一的圆,如图 2.20 所示。

单击绘制圆命令按钮,命令行提示如下。

命令：_circle 指定圆的圆心或［三点(3P)/二点(2P)/切点、切点、半径(T)］：2P 切换两点法。

指定圆直径的第一个端点： 确定圆直径的第一点。

指定圆直径的第二个端点： 确定圆直径的第二点。

3．三点法

不在同一条直线上的三点可以确定唯一的圆,用三点法绘制圆要求输入圆周上的三个点来确定圆。图 2.21 所示的圆为用三点法绘制的圆。

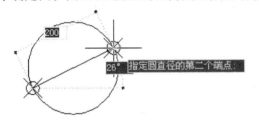

图 2.20 【两点】法绘制圆

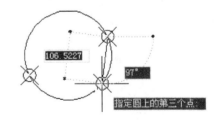

图 2.21 三角形外接圆

单击绘制圆命令按钮,命令行提示如下。

命令：_circle 指定圆的圆心或［三点(3P)/二点(2P)/切点、切点、半径(T)］：3P 切换三点法。

指定圆直径的第一个端点： 确定圆直径的第一点。

指定圆直径的第二个端点： 确定圆直径的第二点。

指定圆直径的第三个端点： 确定圆直径的第三点。

在确定圆周上三个点时,除了用鼠标左键直接拾取已知点外,也可以用坐标定位。

4. 相切、相切、半径法

用这种方法时要确定与圆相切的两个对象,并且要确定圆的半径。图 2.22 所示是用相切、相切、半径法来绘制与两个已知线段相切的圆。

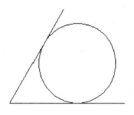

单击绘制圆命令按钮⊙,命令行提示如下。

命令:_circle 指定圆的圆心或[三点(3P)/二点(2P)/切点、切点、半径(T)]:T 切换到相切、相切、半径法。

指定对象与圆的第一个切点: 移动鼠标到已知一条直线上,出现拾取切点符号时,单击鼠标左键。

图 2.22 【相切、相切、半径】绘制圆

指定对象与圆的第二个切点: 移动鼠标到已知另一条直线上,出现拾取切点符号时,单击鼠标左键。

指定圆的半径<50>:100 指定圆的半径,完成圆的绘制。

如果输入圆的半径过小,系统绘制不出圆,在 AutoCAD 的命令提示行会提示:"圆不存在",并退出绘制命令。

5. 相切、相切、相切法

用此方法绘制圆时,要确定与圆相切的三个对象。例如,要绘制图 2.23 中的圆,可以使用这个方法。

执行下拉菜单【绘图】|【圆】|【相切、相切、相切】,命令行提示如下。

命令:_circle 指定圆的圆心或[三点(3P)/两点(2P)/切点、切点、半径(T)]:_3p 指定圆上的第一个点:_tan 到 移动鼠标到"边 1"上出现符号◯…,单击鼠标。

指定圆上的第二个点:_tan 到 移动鼠标到"边 2"上出现符号◯…,单击鼠标。

指定圆上的第三个点:_tan 到 移动鼠标到"边 3"上出现符号◯…,单击鼠标。

在选择切点时,移动光标至相切对象,系统会自动出现相切符号◯…,如图 2.24 所示,出现相切符号时单击鼠标左键。

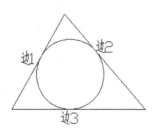

图 2.23 相切、相切、相切法绘制圆

图 2.24 选择切点

2.4.2 绘制圆弧

圆弧是圆的一部分,arc 命令用于绘制圆弧,AutoCAD 提供了多种绘制圆弧的方法,默认方法是指定三点:起点、第二点和端点,用此法可创建通过这些点的圆弧。

1. 三点绘制圆弧

三点绘制圆弧方式,要求用户输入圆弧的起点、第二点和终点。圆弧的方向以起点、终点的方向确定,顺时针或逆时针均可。

用【三点】命令绘制圆弧的具体操作步骤如下。

命令:_arc 指定圆弧的起点或［圆心(C)］:　确定圆弧的起始点位置。

指定圆弧的第二个点或［圆心(C)/端点(E)］:　确定圆弧的第二点位置。

指定圆弧的端点:　确定圆弧的端点位置。

在此提示下,输入该点的坐标值并按回车键,或直接用鼠标在屏幕上拾取,即可绘制如图 2.25 所示的圆弧。

2. 用圆心、起点、端点方式绘制圆弧

当已知圆弧的起点、圆心和端点时,可选择这种方式绘制圆弧。

用【圆心、起点、端点】方式绘制圆弧的具体操作步骤如下。

命令:_arc 指定圆弧的起点或［圆心(C)］:　指定起点。

指定圆弧的第二个点或［圆心(C)/端点(E)］:_c 指定圆弧的圆心:　指定圆心位置。

指定圆弧的端点或［角度(A)/弦长(L)］:　确定圆弧的端点位置。

给出圆弧的起点和圆心之后,圆弧的半径就可以确定,而端点决定了圆弧的长度。在此提示下,即可绘制如图 2.26 所示的圆弧。

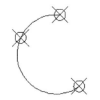　　　

图 2.25　【三点】绘制圆弧　　　　图 2.26　圆心、起点、端点方式绘制圆弧

2.4.3　椭圆和椭圆弧的绘制

椭圆由定义其长度和宽度的两条轴决定,较长的轴称为长轴,较短的轴称为短轴。在 AutoCAD 中,椭圆的绘制非常简单,它主要是通过中心、长轴和短轴三个参数来确定形状。执行椭圆命令方法如下。

- 菜单:【绘图】|【椭圆】。
- 工具栏:单击【绘图】工具栏中的【椭圆】◯按钮。
- 命令行:输入"ellipse"或"el"并按回车键。

1. 通过定义两轴绘制椭圆

这种方法要求已知椭圆的一条轴的两端点和另一条轴的半轴长,如图 2.27 所示,操作步骤如下。

命令:_ellipse

指定椭圆的轴端点或［圆弧(A)/中心点(C)］:　指定 A 点。

指定轴的另一个端点:　指定 B 点。

指定另一条半轴长度或［旋转(R)］:60　输入轴长度,按回车键。

2. 通过定义中心、长轴的端点和短轴的端点绘制椭圆

这种方法要求已知椭圆的中心位置,以及椭圆长、短轴的长度,如图 2.28 所示,操作步骤如下。

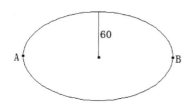 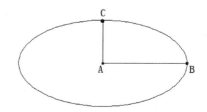

图 2.27　定义两轴绘制椭圆　　　图 2.28　定义中心、长轴的端点和短轴的端点绘制椭圆

命令：_ellipse

指定椭圆的轴端点或［圆弧 A/中心点(C)］：　选择中心点选项。

指定椭圆的中心点：　选择 A 点。

指定轴端点：　指定 B 点。

指定另一条半轴长度或［旋转(R)］：　指定 C 点，按回车键。

此命令也可通过下拉菜单中的【绘图】|【椭圆】|【中心点】执行。

3. 绘制椭圆弧

椭圆弧是椭圆上的部分弧段，AutoCAD 可方便地绘制出椭圆弧。绘制椭圆弧的方法与绘制椭圆相似。执行该命令的方法如下。

- 菜单：【绘图】|【椭圆】|【圆弧】。
- 工具栏：单击【绘图】工具栏中的【椭圆弧】按钮。
- 命令行：输入"ellipsc"或"cl"并按回车键。

绘制椭圆弧操作步骤如下。

命令：_ellipse

指定椭圆的轴端点或［圆弧(A)/中心点(C)］：_a

指定椭圆弧的轴端点或［中心点(C)］：　确定椭圆弧的轴端点，即端点 1。

指定轴的另一个端点：　确定轴的另一个端点，即端点 2。

指定另一条半轴长度或［旋转(R)］：　确定另一条半轴长度。

指定起始角度或［参数(P)］：　确定起始角度值。

在该提示下直接输入起始角度(起始角度是沿着椭圆长轴角度的逆时针方向测量的)，或用鼠标在屏幕上指定一点，以确定起始角度。此时"橡皮筋"指示线将从椭圆的中心处延伸到光标所在的位置处，并且可以看到一个从起始角度的定义处延伸到橡皮筋处的椭圆弧。指定了起始角度值后，AutoCAD 提示如下：

指定终止角度或［参数(P)/包含角度(I)］：指定终止角度值。

在该提示下 AutoCAD 再次沿着椭圆长轴角度的逆时针方向测量该角度。一旦指定了终止角度，AutoCAD 将绘制出如图 2.29 所示的椭圆弧，并结束命令。

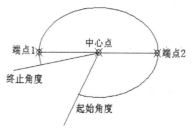

图 2.29　绘制椭圆弧

2.5 绘制矩形与多边形

在 AutoCAD 中,用户可以绘制各种形式的矩形与多边形对象,如直角矩形、圆角矩形、正多边形等。

2.5.1 绘制矩形

矩形是绘制平面图形时常用的简单图形。AutoCAD 提供了直接绘制矩形的命令,利用此命令绘制矩形时,只要确定矩形的两个对角点坐标的位置,矩形就会自动生成。执行矩形命令方法如下。

- 菜单:【绘图】|【矩形】。
- 工具栏:单击【绘图】工具栏中的 ▭ 按钮。
- 命令行:输入"rectang"或"rec"并按回车键。

绘制如图 2.30 所示的矩形,单击绘图工具栏上 ▭ 按钮,命令行提示如下。

命令:_rectang

指定第一个角点或［倒角(C)/标高(E)/圆角(F)/厚度(T)/宽度(W)］: 拾取第一个角点 A。

指定另一个角点或［面积(A)/尺寸(D)/旋转(R)］: 拾取另一个对角点 B,完成矩形。

用户在绘制矩形时可进行更多的设置,如用户可设置矩形边线的宽度、绘制矩形厚度、绘制倒角矩形或圆角矩形。如图 2.31 所示,绘制倒角矩形。

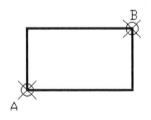

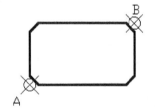

图 2.30　绘制矩形　　　　　图 2.31　绘制倒角矩形

单击绘制矩形命令按钮 ▭ ,命令行提示如下。

命令:_rectang

指定第一个角点或［倒角(C)/标高(E)/圆角(F)/厚度(T)/宽度(W)］:C 选择设置倒角。

指定矩形的第一个倒角距离 <0.0000>:20 设置倒角距离。

指定矩形的第二个倒角距离 <20.0000>:20 设置倒角距离。

指定第一个角点或［倒角(C)/标高(E)/圆角(F)/厚度(T)/宽度(W)］: 拾取第一个角点 A。

指定另一个角点或［面积(A)/尺寸(D)/旋转(R)］： 拾取另一个对角点 B,完成矩形。

如图 2.32 所示,绘制圆角矩形,单击绘制矩形命令按钮⬜,命令行提示如下。

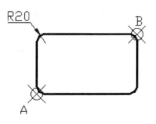

图 2.32 绘制圆角矩形

命令：_rectang

指定第一个角点或［倒角(C)/标高(E)/圆角(F)/厚度(T)/宽度(W)］:F 选择设置圆角。

指定矩形的圆角半径 ＜0.0000＞:20

指定第一个角点或［倒角(C)/标高(E)/圆角(F)/厚度(T)/宽度(W)］: 拾取第一个角点 A。

指定另一个角点或［面积(A)/尺寸(D)/旋转(R)］:

拾取另一个对角点 B,完成矩形。

当输入的半径大于矩形边长时,倒圆角不会生成。

2.5.2 绘制正多边形

使用【正多边形】命令可以绘制边数为 3～1 024 的二维正多边形。

执行正多边形命令的方式如下。

* 菜单:【绘图】|【正多边形】。
* 工具栏:单击【绘图】工具栏中的⬡按钮。
* 命令行:输入"polygon"或"pol"并按回车键。

通过指定正多边形的中心点,以及与正多边形内接或外切圆的半径,可以绘制正多边形,如图 2.33 所示。执行【正多边形】命令,命令行提示如下。

命令：_polygon 输入边的数目 ＜4＞: 5 按回车键。

指定正多边形的中心点或［边(E)］: 拾取中心点。

输入选项［内接于圆(I)/外切于圆(C)］＜I＞:I 表示内接于圆。

指定圆的半径:100 输入半径,按回车键结束命令。

也可以通过指定正多边形的一条边的长度绘制正多边形,如图 2.34 所示。执行【正多边形】命令,命令行提示如下。

命令：_polygon 输入边的数目 ＜5＞:

指定正多边形的中心点或［边(E)］:E

指定边的第一个端点:指定边的第二个端点:120 按回车键结束命令。

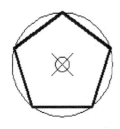

图 2.33 内接于圆的正多边形

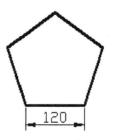

图 2.34 绘制指定边长的正六边形

2.6 图案填充

在绘图过程中,为了标识某一区域的意义或用途,通常要在一个封闭的区域内,填充某一种图案或颜色,如绘制零部件的剖视图时,需在剖切区域填充剖面线等。

2.6.1 图案填充命令

在 AutoCAD 中,创建【图案填充】的方法如下。
- 菜单:【绘图】|【图案填充】。
- 工具栏:单击【绘图】工具栏中的 按钮。
- 命令行:输入"bhatch"或"bh"并按回车键。

执行图案填充命令后,出现如图 2.35 所示的对话框。在该对话框中的选项用于设置要使用的图案填充的类型以及图案的比例和对齐方式,单击【预览】按钮,查看图形的填充效果。

图 2.35 【图案填充和渐变色】对话框

2.6.2 定义填充区域

利用【图案填充和渐变色】对话框中的【选择对象】按钮,可以选择要填充图案的一个或多个对象。此时,对象必须形成一个或几个封闭区域。操作步骤如下。

(1) 在【图案填充和渐变色】对话框里单击【选择对象】按钮,切换至绘图窗口。

（2）选择图形对象，如图 2.36 所示。

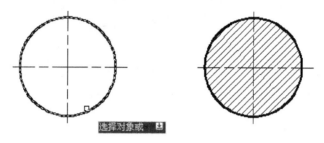

图 2.36 【选择对象】填充

（3）按回车键返回【图案填充和渐变色】对话框。

假如一个边界是多个重复的对象围成，就必须用在边界内部取一点的方式来定义边界，可利用【图案填充和渐变色】对话框的【拾取点】按钮来选择。用拾取点的方式进行图案填充的操作步骤如下。

（1）在【图案填充和渐变色】对话框单击【拾取点】按钮切换至绘图窗口。

（2）在如图 2.37 所示的 A 点和 B 点处单击。

（3）按回车键返回【图案填充和渐变色】对话框。

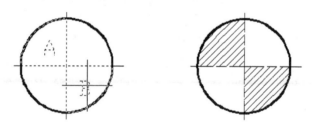

图 2.37 【拾取点】填充

2.6.3 选择填充图案

在定义了要填充图案的区域之后，即可选择要使用的图案。打开【图案填充和渐变色】对话框中的【类型】下拉列表，如图 2.38 所示，可以选择三种类型的图案：预定义图案、用户定义图案和自定义图案。

1. 预定义填充图案

预定义是用 AutoCAD 的标准填充图案元件对图案进行填充。选择一种预定义的填充图案，可以从【类型】下拉列表框选择【预定义】选项，从中选择一种样式。也可以单击【图案】下拉列表框右侧的按钮[...]弹出【填充图案选项板】对话框，如图 2.39 所示。

预定义的填充图案分别放置在 4 个不同的选项卡中，【ANSI】和【ISO】选项卡包含了所有 ANSI 和 ISO 标准的填充图案；【其他预定义】选项卡包含所有由其他应用程序提供的填充图案；【自定义】选项卡显示所有添加的自定义填充图案文件定义的图案样式。选择一种样式之后，单击【确定】按钮，图案和图像将出现在【图案填充和渐变色】对话框的【样例】文本框中，然后就可以在【角度】和【比例】下拉列表框中设置图案的尺寸和角度。

图 2.38　选择填充图案

2. 用户定义的填充图案

　　定义一个自定义图案,如图 2.40 所示,需为其设定角度、间距和确定是否要选用双向图案。其中,【角度】是指直线相对于当前 UCS 中 X 轴的夹角;【间距】用于为用户定义图案设定线间距;【双向】选项可定义图案是选用一组平行线还是相互垂直的二组平行线;【比例】用于控制图案的密度。

图 2.39　【填充图案选项板】对话框

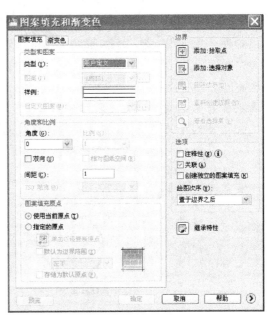

图 2.40　用户定义的填充图案

3. 使用渐变色填充

使用渐变色填充,可以创建一种颜色到另一种颜色平滑过渡的填充,还能体现出光照在平面或三维对象上产生的过渡颜色,增加图形的演示效果。在【图案填充和渐变色】对话框中的【渐变色】选项卡中,可以设置渐变色图案。

4. 预览和应用

选定图案填充区域后,要想预览图案设置效果,可单击【图案填充和渐变色】对话框中的【预览】按钮。调整结束后,可单击【确定】按钮执行图案填充。

2.7 面 域

面域是指具有边界的平面区域。AutoCAD 能把圆、椭圆、封闭的二维多段线、封闭的样条曲线以及由圆弧、直线、二维多段线、椭圆弧、样条曲线等对象构成的封闭环创建成面域。构成这个环的元素一定要首尾相连,一个端点只能由两个元素共享,并且元素之间不能相交。AutoCAD 会自动从图样中抽取这样的环定义为面域。定义成面域后,可以运用布尔运算对面域进行编辑。

2.7.1 通过选择对象创建面域

在 AutoCAD 中,可以利用创建面域命令将已有的封闭区域定义成面域,创建面域的方法如下。

- 菜单:【绘图】|【面域】。
- 工具栏:单击【绘图】工具栏中的 ⊙ 按钮。
- 命令行:输入"region"或"reg"并按回车键。

如图 2.41 所示,把一个矩形和一个圆形定义成面域,单击创建面域命令按钮 ⊙ ,命令行提示如下。

命令:_region
选择对象:找到 1 个　选择矩形。
选择对象:找到 1 个,总计 2 个　选择圆形。
选择对象:　按回车键结束选择。
已提取 2 个环
已创建 2 个面域　面域创建完成。

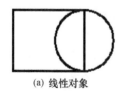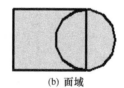

(a) 线性对象　　　　　　　　(b) 面域

图 2.41 创建面域

创建面域后的对象可能与先前的对象没有区别,此时可以单击【视图】|【视觉样式】|【真

实】(或【概念】),从而显示其效果。

2.7.2　用边界生成面域

AutoCAD 提供了另外一种创建面域的方法:边界法。选择【绘图】|【边界】菜单后(相当于执行 boundary 命令),系统将打开如图 2.42 所示的【边界创建】对话框。如果用户在【边界创建】对话框中将【对象类型】设为【面域】,则可创建面域。具体步骤如下。

(1) 单击【拾取点】按钮转至绘图窗口。

(2) 在要创建面域的区域单击,系统自动分析边界,如图 2.43 所示。

(3) 按回车键结束点选取,系统将给出创建面域提示。

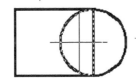
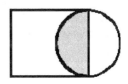

图 2.42　利用【边界创建】对话框创建面域　　　　图 2.43　系统自动分析边界并创建面域

2.7.3　面域运算

AutoCAD 中提供了三种面域的编辑方法:并集、差集、交集。这三种方法统称为布尔运算,对面域布尔运算后的结果还是面域。这三种命令按钮在实体编辑工具栏上,如图 2.44所示。

图 2.44　实体编辑工具栏

1. 并集

并集指将两个或多个面域合并为一个单独面域,而且与合并前面域的位置没有关系。执行面域合并的命令是下拉菜单【修改】|【实体编辑】|【并集】,或单击【实体编辑】工具栏上的【并集】按钮 ⊚ ,执行此命令后,命令行提示如下。

命令:_union

选择对象:找到 1 个　选择矩形。

选择对象:找到 1 个,总计 2 个　选择圆。

选择对象:　按回车键结束命令,得到两面域的并集,如图 2.45(b)所示。

2. 差集

差集指从一个面域中减去另一个面域,执行面域相减的命令是下拉菜单中【修改】|【实体编辑】|【差集】,或单击【实体编辑】工具栏上的【差集】按钮 ⓪ ,执行命令后,命令行提示如下。

命令:_subtract 选择要从中减去的实体或面域...

选择对象:找到 1 个   选择矩形作为被减区域。

选择对象: 按回车键。

选择要减去的实体或面域

选择对象:找到 1 个   选择圆作为要减去的区域。

选择对象: 按回车键结束得到如图 2.45(c)所示的面域。

3. 交集

面域是从两个或两个以上的面域中抽取其公共部分的操作,执行该操作的命令是下拉菜单【修改】|【实体编辑】|【交集】命令,或单击【实体编辑】工具栏的【交集】按钮 ⓪ ,执行命令后,命令行提示如下。

命令_intcrsect

选择对象: 找到 1 个。

选择对象: 找到 1 个,共计 2 个。

选择对象: 按回车键结束得到如图 2.45(d)所示的面域。

(a) 原图   (b) 并集运算   (c) 差集运算   (d) 交集运算

图 2.45　面域布尔运算

2.8　上机实训

绘制如图 2.46 所示的手柄图形。

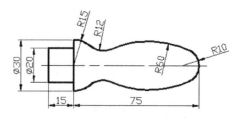

图 2.46　手柄

(1) 用构造线画一条水平点划线作轴对称线,画铅垂线作左端面线,如图 2.47 所示。利用构造线的偏移功能画 15、75 右端点及 φ20 构造线,如图 2.48 所示。

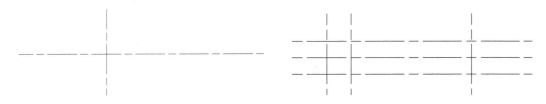

图 2.47　画中心线及左端面线　　　　　　　　图 2.48　画 15 及 φ20 构造线

（2）用粗实线画左端面线，用构造线确定 R10 圆心，再用画圆命令，画 R10 圆，如图 2.49所示。用构造线以中心虚线为基准，上、下偏 15，确定 φ30 圆柱线位置，再画 φ30 左端线，如图 2.50 所示。

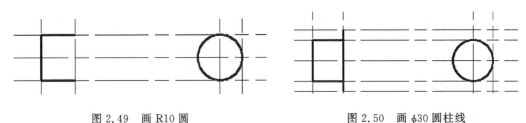

图 2.49　画 R10 圆　　　　　　　　图 2.50　画 φ30 圆柱线

（3）用"相切、相切、半径"命令画圆，拾取左端线、R10 圆相切点，分别画上下两个 R60 圆，如图 2.51 所示。再以 φ30 左端线与水平轴线的交点为圆心，画 R15 圆，如图 2.52 所示。

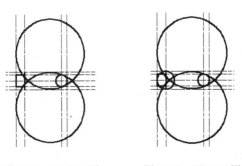

图 2.51　画 R60 圆　　　　图 2.52　画 R15 圆

（4）用"相切、相切、半径"命令，拾取 R15、R60 圆的切点，画上下两个 R12 圆，如图 2.53 所示。

（5）待学习编辑二维图形命令后，运用修剪命令剪去多余线，如图 2.54 所示。标注尺寸，完成全图，如图 2.46 所示。

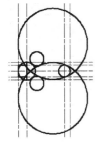

图 2.53　画 R12 圆

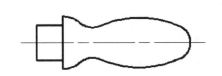

图 2.54　修剪多余的线

41

本 章 小 结

本章介绍了在 AutoCAD 2010 中绘制二维图形的方法及绘图中常用的命令。其中,创建 AutoCAD 对象主要有三种基本方法:使用菜单命令、使用工具栏和在命令行中输入绘图命令。可以使用其中任一种方法来调用相应的绘图命令,从而创建 AutoCAD 对象。本章内容是 AutoCAD 平面绘图的基本手段,应熟练掌握线性对象(如直线、多线、多段线等)、几何图形(如矩形、多边形、圆、椭圆等)的绘制方法;掌握用图案填充来区分工程的部件或表现组成对象的材质;掌握运用布尔运算生成复杂图形的方法等。构造线的功能相当于绘图的直尺、三角板,在绘图过程中合理使用构造线,可以大大提高绘图效率。

习 题

一、选择题

1. 在 AutoCAD 中调用命令,以下方法不正确的是_____。

A. 打开 new 对话框来调用命令　　　　B. 通过下拉菜单调用命令

C. 通过工具栏来调用命令　　　　　　D. 在命令行键入命令

2. point 点命令不可以_____。

A. 绘制单点或多点　　　　　　　　　B. 定距等分直线、圆弧或曲线

C. 等分角　　　　　　　　　　　　　D. 定数等分直线、圆弧或曲线

3. 多段线绘制的线与直线绘制的线的不同点是_____。

A. 前者绘制的线,每一段都是独立的图形对象,后者则是一个整体

B. 前者绘制的线可以设置线宽,后者没有线宽

C. 前者只能绘制直线,后者还可以绘制圆弧

D. 前者绘制的线是一个整体,后者绘制的线的每一段都是独立的图形对象

4. 刚刚画了半径为 32 的圆,下面在其他位置继续画一个半径为 32 的圆,最快捷的操作是_____。

A. 点击画圆,给定圆心,键盘输入 32

B. 点击画圆,给定圆心,键盘输入 64

C. 按回车键、空格键或单击鼠标右键,重复圆心,给定圆心,键盘输入 32

D. 按回车键、空格键或单击鼠标右键,重复圆心,按回车键、空格键或单击鼠标右键

5. 系统默认的填充图案与边界是_____。

A. 关联的,边界移动图案随之移动

B. 不关联

C. 关联,边界删除,图案随之删除

D. 关联,内部孤岛移动,图案不随之移动

二、实训题

绘制如图 2.55、图 2.56 所示的图形。

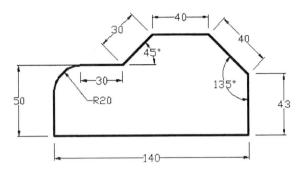

图 2.55 多段线图形

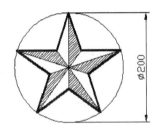

图 2.56 绘制图形并填充图案

第3章 精确绘图

教学目标

- 掌握栅格与捕捉的设置及使用方法
- 掌握对象捕捉与对象追踪的使用方法
- 掌握计算和查询图形对象信息的方法

利用前面介绍的绘图命令，用户已经能够绘制出基本的图形对象，但在实际绘图中仍会遇到很多问题。例如，想用拾取的方法找到某些特殊点（如圆心、切点、交点等），无论怎么小心，要准确地找到这些点都非常困难，有时甚至不可能。运用 AutoCAD 2010 提供的多种辅助绘图工具就可轻松地解决这些问题。

3.1 捕捉和栅格

在绘制图形时，尽管可以通过移动光标来指定位置，但却很难精确指定点的某一位置。在 AutoCAD 2010 中，使用【捕捉】和【栅格】功能，可以精确定位，提高绘图效率。

3.1.1 栅格

栅格是可见的参照网格点，当栅格打开时，它在图形界限范围内显示出来，如同坐标纸一样。栅格仅在图形界限内显示，以帮助看清图形的边界、对齐对象和两对象之间的距离。可以根据需要打开或关闭栅格显示，还可以随时修改栅格的间距。栅格点的间距值可以和捕捉间距相同，也可以不同。要启用栅格并设置栅格间距，操作方法如下。

（1）执行【工具】|【草图设置】命令，或在命令提示下，输入"DSettings"（或"DS"、"SE"），然后按回车键，或在状态栏中的【捕捉】和【栅格】按钮处单击右键，然后从快捷菜单中选择【设置】命令。AutoCAD 将显示【草图设置】对话框，打开【捕捉和栅格】选项卡，如图 3.1 所示。

（2）选中【启用栅格】复选框，显示栅格。

（3）在【栅格 X 轴间距】文本框中，输入栅格点之间的水平距离。

（4）用鼠标单击【栅格 Y 轴间距】文本框，AutoCAD 将垂直间距设置与水平间距相同。如果不希望这两个间距相同，在【栅格 Y 轴间距】文本框中输入栅格点之间的垂直距离。

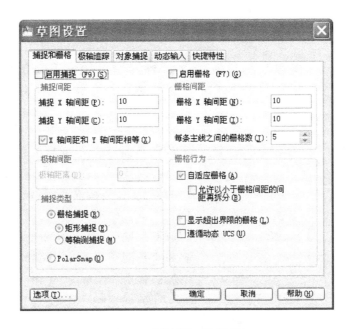

图 3.1　【草图设置】对话框

（5）单击【确定】按钮。

此外，还可以通过其他的方法启用【栅格】功能：用鼠标直接单击状态栏上的【栅格】按钮，或按 F7 键，实现栅格打开和关闭的切换。

3.1.2　捕捉

【捕捉】命令在图形区域内提供了不可见的参考栅格。如果捕捉功能打开，光标将锁定在不可见的捕捉网格点上步进式移动。捕捉间距在 X 方向和 Y 方向一般相同，也可以不同。当【捕捉】命令设置为【开】时，通过捕捉特性，可将光标锁定在距光标最近的捕捉栅格点上。通过使用【捕捉】命令可以快速指定点，以便精确地设置点的位置。当使用键盘输入点的坐标时，AutoCAD 将忽略捕捉间距的设置。当捕捉模式设置为【关】时，捕捉模式对光标不再起作用。当捕捉模式设置为【开】时，光标可自动捕捉在已设置的点上，而没有设置的点则不会被捕捉。

启用捕捉并设置捕捉间距，操作方法如下。

（1）执行【工具】|【草图设置】命令，打开【捕捉和栅格】选项卡，如图 3.1 所示。

（2）选中【启用捕捉】复选框，启用捕捉。

（3）在【捕捉 X 轴间距】文本框中输入捕捉点之间的水平距离。

（4）用鼠标单击【捕捉 Y 轴间距】文本框，AutoCAD 将垂直间距设置与水平间距相同。如果不希望这两个间距相同，在【捕捉 Y 轴间距】文本框中输入栅格点之间的垂直距离。

（5）单击【确定】按钮。

此外，还可以通过其他的方法启用【捕捉】功能：用鼠标直接单击状态栏上的【捕捉】按钮，或按 F9 键，实现捕捉打开和关闭的切换。

3.1.3　等轴测捕捉和栅格

使用【等轴测捕捉】和【栅格】选项可以创建二维等轴测图形。等轴测图形从特殊视点模拟三维对象,沿 3 个主轴对齐,可以在二维平面中绘制一个模拟的三维视图并打印在同一张纸上。但等轴测图形并不是三维图形,如果要创建三维图形,应在三维空间中创建。

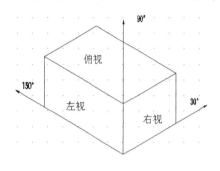

图 3.2　等轴测图形平面

等轴测选项总是使用三个事先调整好的平面,它们分别表示【等轴测平面左】、【等轴测平面右】和【等轴测平面上】。用户不能改变这三个平面的排列。如果捕捉角度是 0,那么等轴测平面的轴是 30°、90°和 150°。如果将捕捉样式设置为【等轴测】,就可以在三个平面中的任一个面上工作,每个平面都有一对关联轴,如图 3.2 所示。

左:捕捉和栅格沿 90 和 150°轴对齐。

上:捕捉和栅格沿 30°和 150°轴对齐。

右:捕捉和栅格沿 30°和 90°轴对齐。

在启用等轴测捕捉和栅格并选择了一个等轴测平面后,捕捉间距、栅格和十字光标都将与当前平面对齐。用等轴测和 Y 轴计算栅格间距时,栅格总是呈显示状态。

要启用【等轴测捕捉】和【栅格】选项,操作方法如下。

(1) 打开【草图设置】对话框中的【捕捉和栅格】选项卡。

(2) 选中【启用栅格】复选框。

(3) 在【捕捉类型】选项组,单击【等轴测捕捉】按钮。

(4) 单击【确定】按钮。

如果改变为不同的等轴测平面,只需按 F5 键或 Ctrl＋E 组合键,AutoCAD 将快速进行【等轴测平面上】、【等轴测平面右】和【等轴测平面左】设置。

3.2　正交与极轴

3.2.1　正交

创建对象时,使用【正交】模式将光标限制在水平或垂直轴上。在绘图过程中,可以随时打开或关闭【正交】。打开【正交】模式时,使用直接距离输入方法以创建指定长度的水平线或铅垂线。输入坐标或指定对象捕捉时将忽略【正交】。要临时打开或关闭【正交】,请按住临时替代键 Shift。使用临时替代键时,无法使用直接距离输入方法。

如果已打开等轴测捕捉设置,则在确定水平方向和垂直方向时该设置较 UCS 具有优先级。

打开或关闭正交模式的方法如下。

- 状态栏:在状态栏上单击【正交】按钮。

- 命令行:输入"ortho"
- 快捷键:按键盘上的 F8 键。

【正交】模式和【极轴】不能同时打开,打开【正交】将关闭【极轴】。

3.2.2　极轴

创建对象时,使用【极轴追踪】,可以按照一定的角度增量或极轴增量追踪特征点。

启用和设置【极轴追踪】的方法如下。

(1) 在图 3.1 中,选择【极轴捕捉】,设定极轴距离从而确定极轴增量。

(2) 选择【极轴追踪】选项卡,如图 3.3 所示,可以设置增量角确定极轴角,以显示由指定的极轴角度所定义的临时对齐路径。

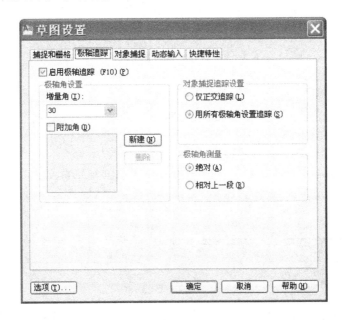

图 3.3　【极轴追踪】选项卡

(3) 选中【启用极轴追踪】复选框,启用【极轴追踪】。

(4) 单击【确定】按钮。

此外,还可以通过其他的方法启用【极轴】功能:用鼠标直接单击状态栏上的【极轴】按钮,或按 F10 键,实现极轴打开和关闭的切换。

3.3　对象捕捉和对象追踪

3.3.1　对象捕捉

对象捕捉是指将点自动定位到与图形中相关的关键点上,如线段端点、圆或圆弧圆心等。将【草图设置】对话框的【对象捕捉】选项卡设置为当前,勾选各关键点前的复选框,即开启该点捕捉功能,如图 3.4 所示。

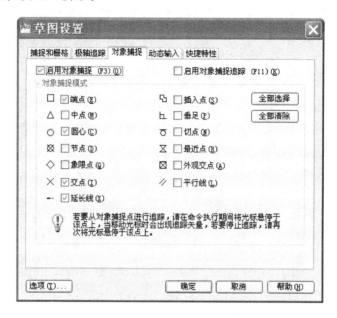

图 3.4 【对象捕捉】选项卡

AutoCAD 已将各种对象捕捉工具按钮集中在对象捕捉工具条上,右键单击任何工具栏,然后单击快捷菜单上的【对象捕捉】工具栏,【对象捕捉】工具条就会显示出来,如图 3.5 所示。

图 3.5 【对象捕捉】工具栏

对【对象捕捉】起辅助作用的直观的工具,被称为【自动捕捉】,它使对象的捕捉更具成效。【自动捕捉】包括以下内容。

- 标记:在对象捕捉位置显示一个符号作为标记。
- 捕捉提示:在对象捕捉位置所显示的光标处标识对象捕捉类型。
- 磁吸:当光标靠近捕捉点时,光标会自动被锁定在捕捉点上。
- 靶框:光标周围的方框,用于定义框中的区域,可以显示和关闭靶框,也可调整靶框的大小。

设置的步骤如下。

(1)选择菜单命令:【工具】|【选项】,或在命令行中输入"options",弹出【选项】对话框。

(2)在弹出的【选项】对话框中选择【草图】选项卡,如图 3.6 所示。

(3)在【草图】选项卡中选择或去除各项自动捕捉设置,可以改变自动捕捉标记的大小和颜色,也可调整靶框的大小。

(4)单击【确定】按钮完成设置。

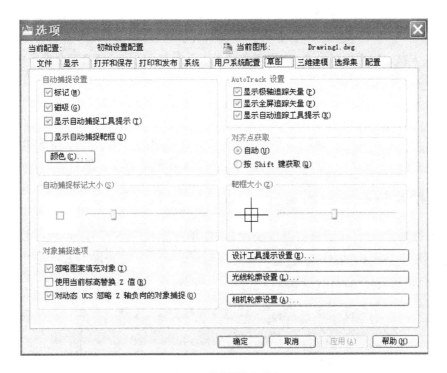

图 3.6　【草图】选项卡

3.3.2　对象追踪

　　使用对象捕捉追踪,可以沿着基于对象捕捉点的对齐路径进行追踪。已获取的点将显示一个小加号（＋）,一次最多可以获取 7 个追踪点。获取点之后,当在绘图路径上移动光标时,将显示相对于获取点的水平、垂直或极轴对齐路径。例如,可以基于对象端点、中点或者对象的交点,沿着某个路径选择一点。

　　用此功能前必须先设置捕捉方式,执行时,当靠近指定的捕捉模式时就显示当前十字光标离焦点的距离和角度,并显示一条表示追踪路径的虚线,其效用与极轴追踪一致。在【极轴追踪】选项卡对话框中,有两种对象追踪的选项,其一仅显示正交状态对象追踪路径,其二显示所有极轴角的追踪路径。

　　对象追踪功能也在【草图设置】对话框中的【对象捕捉】选项卡中进行设置,在该选项卡右上角有一个【启动对象捕捉追踪】复选框,选中该复选框,即可执行对象追踪功能。

3.4　动态输入

　　【动态输入】在光标附近提供了一个命令界面,以帮助用户专注于绘图区域。

3.4.1　启用【动态输入】

　　启用【动态输入】时,工具栏提示将在光标附近显示信息,该信息会随着光标移动而动态更新。当某条命令为活动时,工具栏提示将为用户提供输入的位置。在输入字段中输入值并按 Tab 键后,该字段将显示一个锁定图标,并且光标会受用户输入的值约束,随后可以在第二个输入字段中输入值。另外,如果用户输入值然后按回车键,则第二个输入字段将被忽略,且该值将被视为直接距离。

完成命令或使用夹点所需的动作与命令行中的动作类似。区别是用户的注意力可以保持在光标附近。

动态输入不会取代命令窗口。按 F2 键可根据需要隐藏和显示命令提示和错误消息。另外,也可以浮动命令窗口,并使用"自动隐藏"功能来展开或卷起该窗口。

3.4.2 打开和关闭动态输入

单击状态栏上的 按钮来打开和关闭【动态输入】,按住 F12 键可以临时将其关闭。【动态输入】有三个组件:指针输入、标注输入和动态提示。在 按钮上单击鼠标右键,然后单击【设置】按钮,以控制启用【动态输入】时每个组件所显示的内容,如图 3.7 所示。

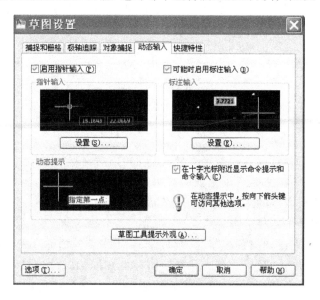

图 3.7 【动态输入】选项卡

1)【指针输入】

当启用【指针输入】且有命令在执行时,十字光标的位置将在光标附近的工具栏提示中显示为坐标。可以在工具栏提示中输入坐标值,而不用在命令行中输入。

第二个点和后续点的默认设置为相对极坐标(对于矩形命令,为相对笛卡尔坐标),不需要输入@符号。如果需要使用绝对坐标,请使用"#"前缀。例如,要将对象移到原点,请在提示输入第二个点时,输入"#0,0"。

使用指针输入设置可修改坐标的默认格式,以及控制指针输入工具栏提示何时显示。

2)【标注输入】

启用【标注输入】时,当命令提示输入第二点时,工具栏提示将显示距离和角度值。在工具栏提示中的值将随着光标移动而改变。按 Tab 键可以移动到要更改的值。

使用夹点编辑对象时,标注输入工具栏提示可能会显示以下信息:

- 旧的长度
- 移动夹点时更新的长度
- 长度的改变
- 角度
- 移动夹点时角度的变化
- 圆弧的半径

使用标注输入设置只显示用户希望看到的信息。

在使用夹点来拉伸对象或在创建新对象时,标注输入仅显示锐角,即所有角度都显示为小于或等于 180°。因此,无论 ANGDIR 系统变量如何设置(在【图形单位】对话框中设置),270° 的角度都将显示为 90°,如图 3.8 所示。创建新对象时指定的角度需要根据光标位置来决定角度的正方向。

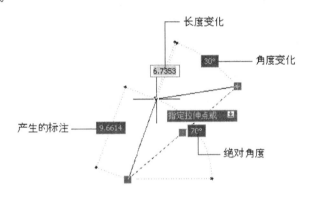

图 3.8　夹点编辑时【动态输入】显示状态

3)【动态提示】

启用【动态提示】时,提示会显示在光标附近的工具栏提示中。用户可以在工具栏提示(而不是在命令行)中输入响应。按下箭头键可以查看和选择选项,按上箭头键可以显示最近的输入。

3.5　计算和查询

3.5.1　计算距离和面积

1. 计算距离

计算给定两点之间的距离和有关角度,通过下列方式执行。

- 菜单:【工具】|【查询】|【距离】。
- 工具栏:单击【查询】工具栏中的 按钮。
- 命令行:输入"dist"并按回车键。

激活该命令后系统提示如下。

指定第一点:确定第一点,如输入 200,120。

指定第二点:确定另一点,如输入 500,350。

距离 = 378.0212,XY 平面中的倾角 = 37,与 XY 平面的夹角 = 0

X 增量 = 300.0000,Y 增量 = 230.0000,Z 增量 = 0.0000

上面的结果说明:点(200,120)与点(500,350)之间的距离是 378.021 2,这两点的连接在 XY 面上的投影与 Y 轴正方向的夹角为 37°,与 XY 平面的夹角为 0°,这两点在 X、Y、Z 方向上的增量(即坐标差)分别为 300.000 0,230.000 0,0.000 0。

2. 计算面积

计算以若干个点为顶点的多边形区域或由指定对象所围成区域的面积与周长,可以通过下列三种方式执行。

- 菜单:【工具】|【查询】|【面积】。
- 工具栏:单击【查询】工具栏中的 📐 按钮。
- 命令行:输入"area"并按回车键。

激活该命令后系统提示如下。

指定第一个角点或 [对象(O)/增加面积(A)/减少面积(S)/退出(X)] <对象(O)>:

各选项功能如下。

- 指定第一个角点

求以指定点为顶点所构成的多边形的面积与周长,为默认项。执行该默认项,即指定第一角点后,系统继续提示:

指定下一个点或 [圆弧(A)/长度(L)/放弃(U)]:

指定下一个点或 [圆弧(A)/长度(L)/放弃(U)]:

⋮

指定下一个点或 [圆弧(A)/长度(L)/放弃(U)/总计(T)] <总计>:

面积 = (计算出的面积),周长 = (相应的周长)

它们分别是以输入点为顶点的多边形的面积与周长。

- 对象(O)

计算由指定对象所围成区域的面积。执行该选项,AutoCAD 提示:

选择对象:

在此提示下选择对象后,AutoCAD 一般会显示出对应的面积和周长。

当提示【选择对象】时,用户可以选择圆、椭圆、二维多段线、矩形、等边多边形和样条曲线等对象。对于宽多段线,面积按多段线的中心线计算。对于非封闭多段线或样条曲线,选择对象后,AutoCAD 先假设用一条直线将其首尾相连,然后求所围成封闭区域的面积,但计算出的长度是多段线或样条曲线的实际长度。

- 增加面积(A)

进入加入模式,即依次将计算出的新面积加到总面积中。执行该选项,AutoCAD 给出要求继续进行求面积操作,提示如下:

指定第一个角点或 [对象(O)/减少面积(S)/退出(X)]:

此时可以通过输入点(执行【指定第一个角点】选项)或选择对象(执行【对象(O)】选项)的方式求对应的面积,每进行一次计算,AutoCAD 一般显示:

面积 = (计算出的面积),周长 = (相应的周长)

总面积 = (计算出的总面积)

而后 AutoCAD 继续提示:

指定第一个角点或〔对象(O)/减少面积(S)/退出(X)〕

此时用户可继续进行求面积的操作。在上面的提示下按回车键后,结束命令的执行。

• 减少面积(S)

进入扣除模式,即把新计算的面积从总面积中扣除。执行该选项,AutoCAD 提示:

指定第一个角点或〔对象(O)/增加面积(A)/退出(X)〕:

此时用户若执行【指定第一个角点】或【对象(O)】选项,AutoCAD 则把由后续操作确定的新区域或指定对象的面积从总面积中扣除。

3.5.2　面域/质量特性

通过下列三种方式执行命令。

• 菜单:【工具】|【查询】|【面域/质量特性】。

• 工具栏:单击【查询】工具栏中的按钮。

• 命令行:输入"massprop"并按回车键。

系统将以列表形式显示指定对象的数据信息。

操作过程如下。

命令:massprop

选择对象:(选择对象)

选择对象:(选择对象)

　⋮

选择对象:

执行结果,切换到文本窗口,显示所选对象的数据库信息。

假如执行 massprop 命令后选择一个圆面域,AutoCAD 会显示出相应的信息,如图 3.9 所示。按回车键后,AutoCAD 提示:

是否将分析结果写入文件?〔是(Y)/否(N)〕＜否＞:

输入 N 不保存,输入 Y 将结果保存到文件,如图 3.10 所示。

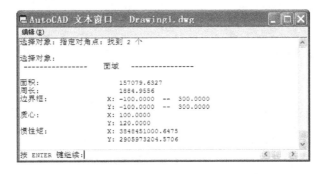

图 3.9　面域/质量特性查询结果

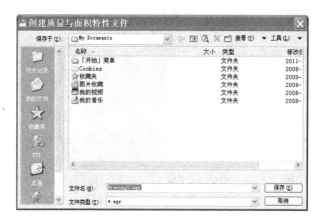

图 3.10 保存查询的面域/质量特性

3.5.3 显示点的坐标

通过下列三种方式执行命令。

- 菜单:【工具】|【查询】|【点坐标】。
- 工具栏:单击【查询】工具栏中的【定位点】按钮。
- 命令行:输入"id"并按回车键。

执行该命令后 AutoCAD 提示:

指定点:(确定点)

X = 107.2516   Y = 157.3945   Z = 0.0000

3.5.4 列表显示

通过下列三种方式执行命令。

- 菜单:【工具】|【查询】|【列表显示】。
- 工具栏:单击【查询】工具栏中的 按钮。
- 命令行:输入"list"并按回车键。

系统将以列表形式显示指定对象的数据信息。

操作过程如下。

命令:list

选择对象:(选择对象)

选择对象:(选择对象)

⋮

选择对象:

执行结果:切换到文本窗口,显示所选对象的数据库信息。

假如执行 list 命令后选择两个圆,AutoCAD 会显示出相应的信息,如图 3.11 所示。

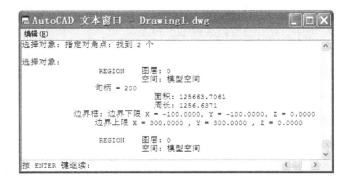

图 3.11　显示圆的数据信息

3.6　上机实训

一、绘制如图 3.12 所示图形。

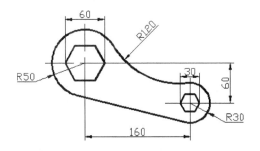

图 3.12　二维图形

（1）在状态栏中选择【极轴】、【对象捕捉】、【对象追踪】按钮，打开极轴、对象捕捉、对象追踪等功能。

（2）绘制水平与垂直构造线，如图 3.13 所示。

（3）绘制正六边形及半径为 50 的圆，如 3.14 所示。

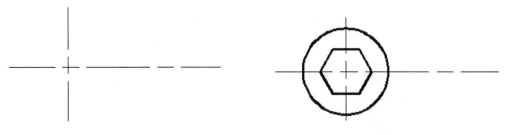

图 3.13　构造线　　　　　　　　　　　图 3.14　绘制正六边形与圆

（4）打开【对象捕捉】工具栏；执行画圆命令，当命令行提示指定圆的圆心时，单击【对象捕捉】工具栏中的【捕捉自】图标 ，指定半径为 50 的圆的圆心为基点，输入坐标@（160，－60）为圆心，绘制半径为 30 的圆；绘制小正六边形，如图 3.15 所示。

（5）执行画圆命令,选择"相切、相切、半径(T)",分别选择半径为 50 和 30 的圆为相切对象,绘制半径为 120 的圆,如图 3.16 所示。

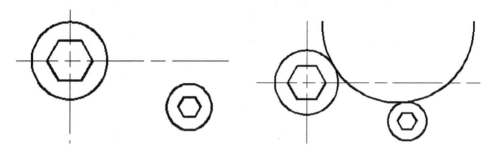

图 3.15　绘制小圆和小六边形　　　　　图 3.16　绘制相切圆

（6）执行直线命令,命令行提示指定第一点时,先单击【对象捕捉】工具栏中的【捕捉到切点】图标，拾取半径为 50 的圆,再次单击【对象捕捉】工具栏中的【捕捉到切点】图标，拾取半径为 30 的圆,则自动生成两圆的公切线,如图 3.17 所示。

（7）待学习编辑命令后,对图形进行编辑修改,完成如图 3.18 所示的图形。

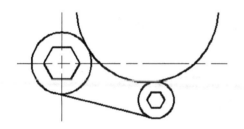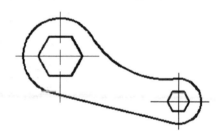

图 3.17　绘制公切线　　　　　　　图 3.18　编辑后的图形

二、查询图 3.12 的以下信息。

（1）公切线的长度及角度。

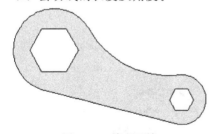

图 3.19　填充区域

（2）小六边形周长及面积。

（3）如图 3.19 所示的填充区域面积。

查询步骤如下。

（1）在命令行输入"list"并按回车键,选择公切线,按回车键即可,图中长度＝169.705 6,在 XY 平面中的角度＝346。

（2）在命令行输入"list"并回车,选择小六边形后回车,从弹出窗口中可看到其周长和面积。六边形面积 584.567 1,周长 90.000 0。

（3）查询填充区域面积。

① 创建面域:执行面域命令,选择图形对象并按回车键,创建 3 个面域。

② 布尔运算:执行差集命令,选择外围图形组成的面域作为要从中减去的面域,选择两个六边形作为要减去的面域,按回车键结束命令。

③ 查询面积:执行 area 命令,选择布尔运算后的面域为对象,得到面积＝13 743.332 3,周长＝874.634 5。

本 章 小 结

　　本章主要介绍了如何使用正交、极轴、捕捉和栅格等进行绘图,如何通过对点的追踪、捕捉和定位来实现精确绘图。在绘图过程中,熟悉并有效地运用辅助手段,可以大大提高绘图效率和精度。

习　题

一、选择题

1. 在 AutoCAD 2010 中默认的栅格设置是_____个绘图单位。

A. 0　　　　　　　　　B. 1　　　　　　　　　C. 2　　　　　　　　　D. 10

2. 已知一条倾斜直线,要绘制一条过直线端点并且与该直线夹角 31°的直线,操作是_____。

　A. 使用构造线中的"角度"选项,给定构造线角度为 31°

　B. 使用极坐标,极角设为 31°

　C. 使用构造线中的"角度"选项,选择"参照"选项后给定构造线角度为 31°

　D. 在"草图设置"的"极轴追踪"中设置"增量角"为 31°

3. 绘制长 180、宽 120 的矩形,方法不当的是_____。

　A. 确定第一点后,用相对坐标@(180,120)给定另一角点

　B. 打开"动态输入",确定第一角点后,直接输入坐标(180,120)给定另一角点

　C. 确定第一角点后,选择"尺寸(D)"选项,然后给定长 180,宽 120

　D. 打开"动态输入",在点(30,30)处给定第一角点后,用坐标(210,150)给定另一角点

4. 椭圆长轴为 130,短轴 80,椭圆的周长为_____。

　A. 334.56　　　　　　B. 8 168.14　　　　　　C. 16 336.28　　　　　　D. 45.75

5. 在提示指定下一点时开启动态输入,输入 43,然后输入逗号,则下面输入的数值是_____。

A. X 坐标值　　　　　B. Y 坐标值　　　　　C. Z 坐标值　　　　　D. 角度值

二、实训题

　1. 利用辅助工具绘制第 2 章中如图 2.55 所示的图形。

　2. 利用对象捕捉、边界创建、面域、布尔运算等工具,绘制如图 3.20 所示的复杂二维图形,查询填充区域的面积。

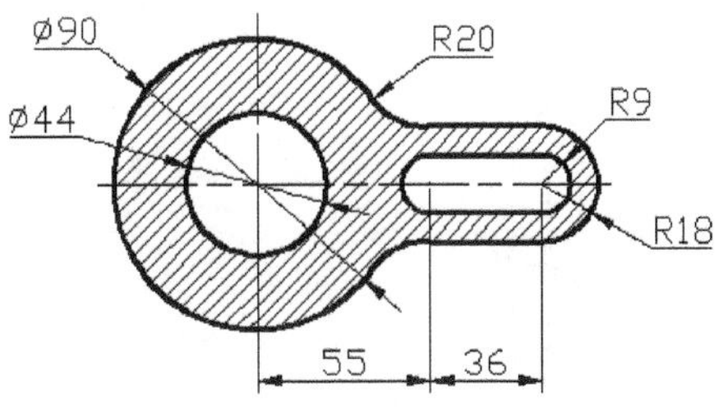

图 3.20　复杂二维图形

第4章　编辑二维图形

教学目标

- 掌握常用选择对象的方法
- 掌握常用的图形编辑命令
- 掌握多线编辑的方法
- 掌握夹点编辑的操作

AutoCAD 的优势不仅在于强大的精确绘图功能,还在于强大的编辑功能,图形编辑是指对已有的图形对象进行移动、旋转、缩放、复制、删除及其他修改操作。它可以帮助用户合理构造与组织图形,保证作图准确度,减少重复的绘图操作,从而提高设计效率。本章将介绍有关图形编辑的菜单、工具栏及二维图形编辑命令。

4.1　【修改】菜单及其工具栏

通过各种编辑命令,可以方便快捷地修改已有的图形和迅速高效地构建新图形。这些命令主要列在【修改】下拉菜单中,有关图标集中在【修改】工具栏中,其他图标按钮集中在【修改Ⅱ】工具栏中,如图 4.1 所示。

图 4.1　【修改】下拉菜单和【修改】工具栏

4.2 选择对象

AutoCAD 图形的编辑是有选择性的,正确、快捷地选择目标可以提高图形编辑的效率。当对图形对象进行编辑时,系统会提示选择对象,用户选定目标后,组成图形的边界轮廓由原来的实线变为虚线,以便区别于未被选中的部分。

4.2.1 设置【选择集】选项卡

对于复杂图形的编辑,经常需要同时对多个图形对象进行编辑,这就需要使用恰当的方式来选择对象,并对选择方式进行设置。

可以使用以下命令来设置目标选择方式。

- 菜单:【工具】|【选项】。
- 在绘图区域内单击鼠标右键选择快捷菜单中的【选项】。

执行命令后,打开【选项】对话框中的【选择集】选项卡,如图 4.2 所示。

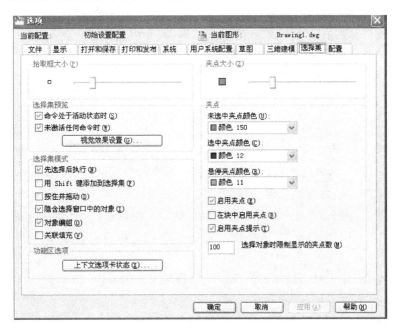

图 4.2 【选择集】选项卡

在【选择集】选项卡中可以根据需要灵活地设置图形目标的选择方式。【选择集】选项卡中有 4 个选项组,这些选项组在目标的选择中有着不同的功能。下面将分别介绍这 4 个选项组。

(1)【选择集模式】:该选项组是用于选择集模式的设置,目标选定共有 6 种模式。

- 【先选择后执行】:该选择模式表示选择对象后才能执行编辑命令。
- 【用 Shift 键添加到选择集】:选择该模式,则在使用拾取框选择对象时必须按 Shift

键才能依次选择编辑对象,否则先选择的编辑对象将被后选择的编辑对象替代。

- 【按住并拖动】:选择该模式以后,若需使用矩形选择框选择图形实体,则必须按住鼠标左键并拖动才能选定目标。关闭该模式,则用矩形选择框选择目标时只需单击矩形的起点和终点即可,中间不需要按住鼠标拖动选择。
- 【隐含选择窗口中的对象】:隐藏矩形选择框,取消该模式则不能使用窗口选择和交叉选择方式。
- 【对象编组】:用于创建目标组,并对该组进行编辑。
- 【关联填充】:选择该模式,AutoCAD 会自动将图案填充和包围该图案填充的封闭区域关联起来。当选择图案填充的内容时,相对应的区域也被自动选择。取消该选项,AutoCAD 将取消关联性,把图案填充和与其相对的封闭区域看做两个独立的实体。

（2）【夹点】:该选项组用于设置夹点的特性。

- 【未选中夹点颜色】:用于设置未选中夹点的颜色,默认为蓝色。
- 【选中夹点颜色】:用于设置选中夹点的颜色,默认为红色。
- 【悬停夹点颜色】:用于夹点悬停时的颜色,默认为绿色。
- 【启用夹点】:表示在选择对象后启用对象控制点,如中点、端点、插入点等。
- 【在块中启用夹点】:选择图块对象后启用控制点,如中点、端点、插入点等。
- 【启用夹点提示】:选择夹点后,提示夹点名称,如中点、端点、插入点等。
- 【选择对象时限制显示的夹点数】:选择对象时,限制显示夹点的个数。

（3）【拾取框大小】:用于设置拾取框的大小。

（4）【夹点大小】:用于设置夹点的大小。

4.2.2 常用选择对象的方法

在 AutoCAD 中,选择对象的方法很多。执行编辑命令或输入 select 命令时,命令行提示"选择对象",输入"?"后按回车键,命令行将提示如下信息:

需要点或窗口(W)/上一个(L)/窗交(C)/框(BOX)/全部(ALL)/栏选(F)/圈围(WP)/圈交(CP)/编组(G)/添加(A)/删除(R)/多个(M)/前一个(P)/放弃(U)/自动(AU)/单个(SI)/子对象/对象

根据提示信息,输入其中的字母便可以确定选择对象的方法,其中常用的选择方法主要有直接单击对象、窗口选择、窗交选择等。

1. 直接选择

默认情况下,命令行提示"选择对象"时,直接用光标(方框形拾取框)逐个拾取所需对象即可。选中对象呈现虚线形状。

2. 窗口选择

当命令行提示"选择对象"时,输入"W"并按回车键,在命令行提示"指定第一个角点:指定对角点"下确定矩形窗口,则图形对象所有部分均位于这个窗口内的对象将被选中,不在该窗口或只有部分在该窗口的对象不被选中,如图 4.3 所示。此命令也可以在提示"选择对象"时,由光标直接在窗口自左至右拉出矩形窗口以确定选择的对象。

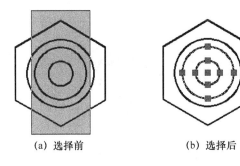

(a) 选择前　　　　　　　　(b) 选择后

图 4.3　窗口选择

3. 窗交选择

当命令行提示"选择对象"时,输入"C"并按回车键,在命令行提示"指定第一个角点:指定对角点"下确定矩形窗口,则全部位于这个窗口内或与窗口边界相交的对象将被选中,如图 4.4 所示。此命令也可以在提示"选择对象"时,由光标直接在窗口自右至左拉出矩形窗口确定选择的对象。

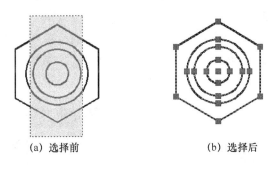

(a) 选择前　　　　　　　　(b) 选择后

图 4.4　窗交选择

4. 不规则窗口的拾取方式

在"选择对象"提示下输入"WP"后按回车键,AutoCAD 提示如下:

第一圈围点:

指定直线的端点或[放弃(U)]:

在指定第一圈围点和直线的端点后,AutoCAD 会连续给出"指定直线的端点或[放弃(U)]:"提示,根据提示确定出不规则拾取窗口的其他各顶点位置后按 Enter 键,AutoCAD 将选中由这些点确定的不规则窗口内的对象。

5. 不规则交叉窗口拾取方式

在"选择对象"提示下输入"CP"后按回车键,接下来的操作与不规则窗口拾取方式相同。该方式的选择结果是:不规则拾取窗口内以及与该窗口边界相交的对象均被选中。

6. 栏选选择

当命令行提示"选择对象"时,输入"F"并按回车键,在命令行提示"指定第一个栏选点:指定下一个栏选点或[放弃(U)]"下,依次绘制一条多段的折线,所有与折线相交的对象将被选中,如图 4.5 所示。

7. 全部选择

当命令行提示"选择对象"时,输入"ALL"并按回车键,所有对象将被选中,如图 4.6

所示。

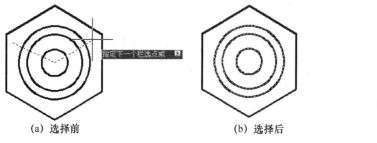
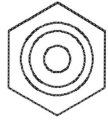

(a) 选择前　　　　　　　　　(b) 选择后

图 4.5　栏选　　　　　　　　　　　　　　图 4.6　全部选择

4.2.3　快速选择对象

在绘图区域单击鼠标右键将出现如图 4.7 所示的快捷菜单。在快捷菜单中选择【快速选择】选项,则会打开如图 4.8 所示的【快速选择】对话框,也可以选择【工具】|【快速选择】来启动【快速选择】对话框。

在【快速选择】对话框中,用户可以使用快速过滤功能的各项设置。所谓过滤功能指的是根据图形对象的特性(如颜色、线型、尺寸、位置等)和对象类型过滤选择集。用户预先设定过滤选择条件后,AutoCAD 会自动进行过滤。

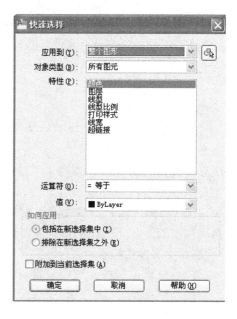

图 4.7　快捷菜单　　　　　　　　　　图 4.8　【快速选择】对话框

快速选择可以根据指定的过滤条件定义选择集。用【对象选择过滤器】命名和保存过滤器供以后使用。

下面将介绍【快速选择】对话框内各个选项的具体含义与操作方法。

(1)【应用到】下拉菜单:可以指定过滤器的应用范围。默认为应用到整个图形文件。

如只需要应用到一个区域的图形对象,则用 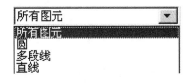 按钮将该区域选定即可,完成对象选择后,按回车键重新显示该对话框,AutoCAD 将【应用到】设置为【当前选择】。如果已选定【附加到当前选择集】,则 AutoCAD 将该过滤条件应用到整个图形。

（2）【对象类型】下拉菜单:指定要包含在过滤条件中的对象类型。如果过滤条件正应用于整个图形,则【对象类型】列表包括全部的对象类型,包括自定义,否则,该列表只包含选定对象的对象类型。【对象类型】下拉菜单如图 4.9 所示。

图 4.9　【对象类型】下拉菜单

（3）【特性】列表框:指定过滤器的对象特性。此列表包括选定对象类型的所有可搜索特性。AutoCAD 基于【特性】窗口中当前的排列顺序确定特性的排序(按字母或按分类),如图 4.10 所示。

（4）【运算符】下拉菜单:用于控制过滤的范围。根据选定的特性,选项可能包括等于、不等于、大于、小于和全部选择,如图 4.11 所示。对于某些特性,【大于】和【小于】选项不可用。【全部选择】只能用于可编辑的文字字段。

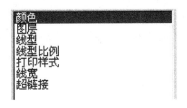

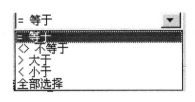

图 4.10　【特性】列表框　　　　　图 4.11　【运算符】下拉菜单

（5）【值】下拉菜单:指定过滤器的特性值。如果选定对象的已知值可用,则【值】成为一个列表,可以从中选择一个值,否则,输入一个值。例如,若【特性】列表框中选择了【线型】,则值的下拉菜单相应地列出线型选项,如图 4.12 所示。

（6）【如何应用】选项组:指的是将符合给定过滤条件的对象包括在新选择集内或是排除在新选择集外。选择【包括在新选择集中】以创建新的选择集,其中只有符合过滤条件的对象。选择【排除在新选择集之外】创建新的选择集,但其中只有不符合过滤条件的对象。图 4.13 所示为【如何应用】选项组。

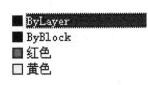

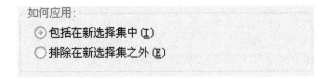

图 4.12　【值】下拉菜单　　　　　图 4.13　【如何应用】选项组

（7）【附加到当前选择集】复选框:指定用【快速选择】命令创建的选择集是替换当前选择集还是附加到当前选择集。若在启动【快速选择】命令之前已经选取了一组图形对象,启动【快速选择】命令后,若选中【附加到当前选择集】复选框,则通过快速选择选取的对象加到原来已经选取好的图形对象中;若取消复选框,则 AutoCAD 将替换原来选取的图形对象。

4.3 删除与取消

4.3.1 删除图形

在绘图过程中经常产生一些绘图辅助对象或绘制错误的图形对象,在最终输出的图纸中这些图形是不需要的,因此在编辑的过程中就必须将其删除。执行以下命令可以删除图形对象。

- 菜单:【修改】|【删除】。
- 工具栏:单击【修改】工具栏中的 ✐ 按钮。
- 命令行:输入"erase"或"e"并按回车键。

执行上述命令后,鼠标变为选择图形状态,命令行提示:

命令 erase

选择对象:

根据前面所讲的选择图形对象的方法选择需要删除的图形即可。此时图形对象的删除只是临时性的删除,只要不退出 AutoCAD 和存盘,用户还可以使用 Undo 或 Oops 命令来恢复被删除的实体。其中,Oops 只能恢复最近一次删除的图形实体,若需要连续恢复则使用 Undo 命令。

例如,利用正五边形绘制五角星,而后将正五边形删除,再用 Undo 恢复正五边形。

操作步骤如下。

(1)绘制如图 4.14(a)所示的图形。

(2)在命令行输入"E",用拾取框选择正五边形,按回车键即可将其删除,如图 4.14(b)所示。

(3)在命令行输入"undo",命令行提示:

命令:undo

输入要放弃的操作数目或[自动(A)/控制(C)/开始(BE)/结束(E)/标记(M)/后退(B)]<1>:

ERASE

直接按回车键,即可恢复被删除的对象,如图 4.14(c)所示。若需多次恢复,则在【命令】提示符下键入需要恢复的步骤数即可。

(a) 删除前   (b) 删除后   (c) 恢复

图 4.14 删除与恢复正五边形

4.3.2　取消命令

可以通过以下方式恢复最近的操作。

（1）放弃单个操作。最简单的方法是使用【标准】工具栏上的【放弃】，或使用 U 命令放弃单个操作。许多命令包含自身的 U（放弃）选项，无须退出此命令即可更正错误。例如，创建直线或多段线时，输入"U"即可放弃上一个线段。

（2）一次放弃几步操作。使用 Undo 命令的【标记】选项标记执行的操作。然后使用 Undo 命令的【后退】选项放弃在标记的操作之后执行的所有操作。使用 Undo 命令的【开始】和【结束】选项放弃一组预先定义的操作。

（3）使用【标准】工具栏上的【放弃】列表立即放弃几步操作。

（4）取消放弃的效果。可以在使用 U 或 Undo 后立即使用 Redo，取消单个 U 或 Undo 命令的效果。

（5）使用【标准】工具栏上的【重做】列表立即重作几步操作。

（6）通过按 Esc 键取消未完成的命令。要修改取消键指定，需清除【选项】对话框【用户系统配置】选项卡中的【Windows 标准加速键】选项。

4.4　复制对象

在绘图过程中，常常遇到图形中有相同或者相似的对象，常用的方法是绘制一个图形，其他的用复制、镜像、偏移和阵列得到，从而大大提高图形绘制和编辑的速度。

4.4.1　复制图形

复制图形是图形编辑中一个重要的编辑方法，它可以避免一次次地重复劳动。下面将具体介绍复制图形的方法与操作步骤。

1. 使用剪贴板复制

剪贴板是 Windows 一个实用性很强的工具，使用剪贴板可以方便地实现应用程序间图形数据和文本数据的传递。在 AutoCAD 中同样可以使用剪贴板对图形进行复制，并可将复制的图形粘贴到其他应用程序或另外一个图形文件中。采用以下方式即可启动复制命令。

- 菜单：【编辑】|【带基点复制】。
- 工具栏：单击工具栏中的 按钮。

【编辑】菜单下的【复制】和【带基点复制】命令与【修改】下的【复制】命令有着本质的不同，前者是将图形粘贴在剪贴板上，需要再进行一次【粘贴】操作才能复制图形文件，而后者只是在 AutoCAD 图形文档内部进行复制，不能执行【粘贴】命令。

在【编辑】中的【复制】和【带基点复制】的区别在于，前者没有基准插入点，而后者需要指定基准插入点，以便在粘贴时确定粘贴的位置。

2.【复制】命令

【复制】图形实体是指在 AutoCAD 文档内部对某一图形实体进行复制。执行以下命令进行图形复制。

- 菜单:【修改】|【复制】。
- 工具栏:单击【修改】工具栏中的 按钮。
- 命令行:输入"copy"或"co"并按回车键。

执行命令后鼠标变为选择图形状态,命令行提示:

命令:copy

选择对象:找到 1 个

需要选择多个图形实体则连续使用拾取框选择图形实体:

选择对象:

单击鼠标右键或按回车键即可结束选择,命令行继续提示:

指定基点或[位移(D)]<位移>:

此时鼠标变为输入状态,选择复制图形的基准点。命令行继续提示:

指定第二个点或<使用第一个点作位移>:

此时选择指位移的第二点即完成一次复制,命令行继续提示:

指定第二个点或[退出(E)/放弃(U)]<退出>:

继续选择位移点,则连续复制,按回车键可以结束复制命令。

如图 4.15 所示,在一个半径为 150 的圆上面绘制均匀分布的 4 个半径为 30 的小圆。

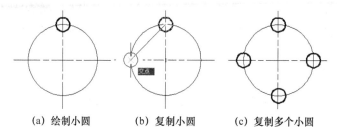

(a) 绘制小圆　　　　(b) 复制小圆　　　　(c) 复制多个小圆

图 4.15　复制图形

其操作如下。

命令:_circle 指定圆的圆心或[三点(3P)/两点(2P)/相切、相切、半径(T)]:

指定圆的半径或[直径(D)]:30　绘制半径为 30 的小圆,如图 4.15(a)所示。

命令:_copy

选择对象:找到 1 个　单击半径为 30 的小圆。

选择对象:回车;

当前设置:　复制模式 = 多个

指定基点或[位移(D)/模式(O)]<位移>:　拾取半径为 30 的小圆圆心。

指定第二个点或<使用第一个点作为位移>:　选择象限点位置,如图 4.15(b)所示。

指定第二个点或[退出(E)/放弃(U)]<退出>:

连续选择象限点继续复制,直至完成所需复制的图形按回车键即可,如图 4.15(c)所示。

4.4.2 镜像对象

在绘图过程中,经常遇见图形是对称的情况,此时使用镜像对象命令就可以将已经绘制的图形对称地复制过来,这对提高绘图速度有很大的帮助。启动镜像命令的方法如下。

- 菜单:【修改】|【镜像】。
- 工具栏:单击【修改】工具栏中的⚞按钮。
- 命令行:输入"mirror"或"mi"并按回车键。

执行上述命令后,命令行将提示:

命令:mirror

选择对象:找到 1 个

选择对象:

指定镜像线的第一点:

指定镜像线的第二点:

此时需要用户确定镜像对称直线的起点和终点,同样,起点和终点的坐标可以使用鼠标也可以使用键盘输入。镜像对称直线是一条辅助直线,完成镜像命令后该直线将不再显示。

确定镜像直线后,命令行提示:

是否删除源对象?［是(Y)/否(N)］<N>:

默认为不删除,若需要删除,在命令栏输入"Y"即可。图 4.16 所示为镜像前图形,镜像后图形如图 4.17 所示。

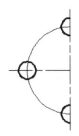 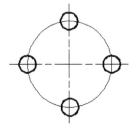

图 4.16 镜像前图形　　　　　图 4.17 镜像后图形

镜像命令除了镜像图形对象还可以镜像文本,但镜像文本时应该注意文本文字的顺序。文本文字顺序对称镜像称为【全部镜像】,文本文字不发生改变称为【部分镜像】。在命令行输入"Mirrtext"即可改变文本镜像的系统设置。当 Mirrtext 的值为 0 时,文本为部分镜像,如图 4.18 所示;当 Mirrtext 的值为 1 时,文本为全部镜像,如图 4.19 所示。

　　　　　部分镜像　　部分镜像　　　　　　　　全部镜像　　像镜部全

图 4.18 文本部分镜像　　　　　图 4.19 文本全部镜像

4.4.3 偏移图形

偏移图形是创建一个与原对象平行并保持等距离的新对象。可以偏移的对象包括直

线、圆弧、圆、二维多段线、椭圆弧、构造线、样条曲线等。图 4.20 所示为使用偏移命令生成

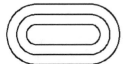

图 4.20　偏移复制

的图形。使用以下方法启动偏移命令。

- 菜单:【修改】|【偏移】。
- 工具栏:单击【修改】工具栏中的 按钮。
- 命令行:输入"offset"或"o"并按回车键。

执行上述命令后,命令行将提示:

命令:_offset

当前设置:删除源 = 否　图层 = 源　OFFSETGAPTYPE = 0

指定偏移距离或［通过(T)/删除(E)/图层(L)］<通过>:　50　指定偏移距离。

选择要偏移的对象,或［退出(E)/放弃(U)］<退出>:　单击要偏移的对象。

指定要偏移的那一侧上的点,或［退出(E)/多个(M)/放弃(U)］<退出>:　单击要偏移到的一侧。

选择要偏移的对象,或［退出(E)/放弃(U)］<退出>:　按回车键结束命令,或再次选择需要偏移的对象。

如果在提示"指定要偏移的那一侧上的点"时输入"M",则可以连续进行偏移,而不必重新选择对象。

在偏移复制对象时,需注意以下几点。

(1) 只能以直接拾取的方式选择对象。

(2) 如果用给定偏移距离的方式复制对象,距离值必须人于零。

(3) 对不同的对象执行偏移命令后有不同的结果:

- 对圆弧作偏移复制后,新圆弧与旧圆弧有同样的包含角,但新圆弧的长度要发生改变;
- 对圆或椭圆作偏移复制后,新圆、新椭圆与旧圆、旧椭圆有同样的圆心,但新圆的半径或新椭圆的轴长要发生相应的变化;对线段、构造线和射线进行偏移复制时,实际上是平行复制。

4.4.4　图形阵列

使用阵列命令可以快捷、精确地绘制有规律分布的图形对象。阵列分为矩形阵列和环形阵列两种。

1. 矩形阵列

矩形阵列是按照网格分行列进行复制的,复制前须确定阵列图形的行数与列数。

执行命令的方法如下。

- 菜单:【修改】|【阵列】。
- 工具栏:单击【修改】工具栏中的 按钮。
- 命令行:输入"array"或"ar"并按回车键。

执行上述命令后,AutoCAD 将出现【阵列】对话框。选择【矩形阵列】单选按钮,【矩形阵列】对话框中的选项如图 4.21 所示。

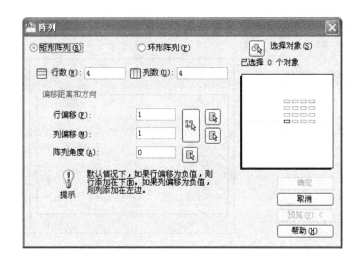

图 4.21 【矩形阵列】对话框

下面分别介绍矩形阵列对话框中各选项的含义。

- 行数、列数编辑框:用于输入矩形阵阵列的行数与列数,默认值为 4,重新设置后 Au-toCAD 将用户重新设置的值默认为下一次使用【阵列】命令时【行】、【列】的默认值。
- 行偏移:行偏移是指阵列时行与行之间的距离。行偏移为正时,AutoCAD 向上方阵列图形对象;行偏移为负值时,AutoCAD 向下方阵列图形对象。
- 列偏移:列偏移是指列与列之间的距离。列偏移为正时,AutoCAD 向右方阵列图形对象;列偏移为负值时,AutoCAD 向左方阵列图形对象。
- 阵列角度:阵列角度是指阵列时实体的角度,默认值 0 度为直角坐标 X 轴的正方向。角度值为正值时,阵列实体沿逆时针方向转动;角度值为负值时,阵列实体沿顺时针方向转动。
- 选择对象:选择对象是指选择需要阵列的图形对象。

单击【确定】按钮后,则显示被选择阵列图形实体的阵列基准点。

【阵列】对话框设置完毕后即可预览阵列图形,预览时 AutoCAD 将出现【阵列预览】对话框。确定图形正确无误后,单击【确定】按钮,若需要修改,则单击【修改】或【取消】按钮。

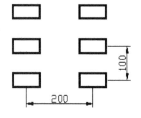

图 4.22 行偏移与列偏移

下面举例说明行偏移与列偏移数值的含义。运用阵列命令,将图 4.22 中左下角的矩形编辑成如图 4.22 所示的图形。方法是:在对话框中设置行偏移为 100,列偏移为 200,阵列角度为 0,如图 4.23 所示;单击【选择对象】按钮 ⌖,从绘图窗口拾取矩形,按回车键;回到对话框,单击【预览】按钮;单击【接受】按钮,完成阵列。

2.环形阵列

阵列命令还可以按照环形方式阵列图形,执行【阵列】命令后,在【阵列】对话框中选择【环形阵列】即可得到如图 4.24 所示的【环形阵列】对话框。

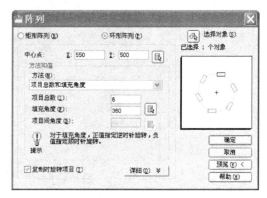

图 4.23　设置【阵列】对话框　　　　　图 4.24　【环形阵列】对话框

对话框中各选项的含义如下。

- 【中心点】：用于输入坐标值以确定中心点位置，此时的 X、Y 值为中心点的直角坐标。单击 按钮可以使用鼠标确定或捕捉环形阵列的中心。
- 【复制时旋转项目】复选框：用于选择阵列对象时是否旋转对象。取消此选项则在阵列图形时为平行移动。
- 【方法和值】选项区：用于选择环形阵列的方法、阵列数目、阵列填充角度和两个阵列对象之间的相对角度。环形阵列的方法有三种：项目总数和填充角度，项目总数和项目间角度，填充角度和项目间角度。
- 【项目总数和填充角度】：项目总数是指阵列图形对象的总的数目，填充角度是指阵列图形对象时所阵列的图形对象填充的角度。图 4.25 所示为填充角度为 360°时阵列图形，当填充角度为 360°时即填充图形填满整个圆周。同理，当填充图形为 180°时填充图形填满半个圆周，如图 4.26 所示。
- 【项目总数和项目间角度】：指阵列图形的总数目和每个图形之间包含的圆周角。
- 【填充角度和项目间角度】：由填充的环形圆周角度值和项目间角度值确定阵列图形的数目。

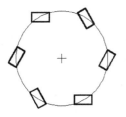
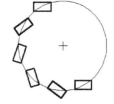

图 4.25　填充角度为 360°的环形阵列　　　　图 4.26　填充角度为 180°的环形阵列

4.5　调整对象位置

调整对象位置包括移动对象和旋转对象。

4.5.1　移动对象

移动对象命令可以把图形对象移动到任意指定位置。执行移动对象命令方法如下。

- 菜单:【修改】|【移动】。
- 工具栏:单击【修改】工具栏中的 ✛ 按钮。
- 命令行:输入"move"或"m"并按回车键。

执行上述命令后,命令行提示:

选择对象:　选择需要移动的对象,单击鼠标右键或按回车键,退出选择对象。

指定基点或［位移］＜位移＞:　选择基点

指定第二个点或 ＜使用第一个点作为位移＞:　输入移动对象的位置即可完成移动图形对象。

如图 4.27 所示,用移动命令,将小圆移到大圆中。

其操作步骤如下。

(1) 绘制两圆,如图 4.27(a)、(b)所示。

(2) 启动移动命令。

(3) 选择小圆的圆心为基点。

(4) 以大圆的圆心为目标点。将小圆移到大圆中,如图 4.27(c)所示。

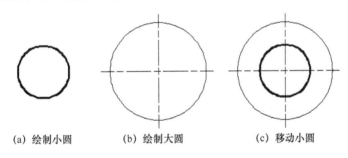

(a) 绘制小圆　　　(b) 绘制大圆　　　(c) 移动小圆

图 4.27　移动图形

4.5.2　旋转对象

使用旋转对象命令可以把图形对象旋转到任意角度。执行命令的方法如下。

- 菜单:【修改】|【旋转】。
- 工具栏:单击【修改】工具栏中的 ↻ 按钮。
- 命令行:输入"rotate"或"ro"并按回车键。

执行上述命令后,命令行提示:

命令:　_rotate

UCS 当前的正角方向:　ANGDIR = 逆时针　ANGBASE = 0

选择对象:找到 1 个　选择需要旋转的对象,单击鼠标右键退出选择对象。

指定基点:　选择基点。

指定旋转角度,或［复制(C)/参照(R)］＜90＞:　输入旋转角度即可完成旋转。

在 AutoCAD 中,旋转角度有正、负之分。当输入的角度为正值时,则图形对象沿逆时针方向旋转;输入的角度为负值时,则图形对象沿顺时针方向旋转。

若以参照的方式来旋转角度,可键入"R",此时命令行提示:

指定参照角<0>: 确定参照方向和参照旋转角,参照角默认为 0,直角坐标的 X 轴正方向。用户可以自己设置参照角的角度。

指定新角度: 输入旋转对象新的角度。

若选择基点后输入"C",则在旋转的同时还保留了原来的图形。

如图 4.28 所示,用旋转角度方式,以右下角点为旋转基点,顺时针方向旋转矩形 90°角。其操作步骤如下。

(1) 绘制矩形如图 4.28 所示。

(2) 启动旋转命令。

(3) 选择右下角点为旋转基点。

(4) 输入旋转角度—90°,旋转矩形,旋转结果如图 4.29 所示。

如果选择基点后输入"C",结果如图 4.30 所示。

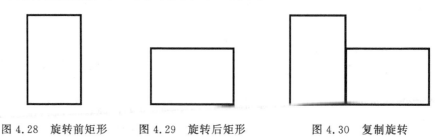

图 4.28　旋转前矩形　　　　图 4.29　旋转后矩形　　　　图 4.30　复制旋转

4.6　修改对象尺寸和形状

图形对象绘制后,有时需要改变对象大小或者形状,此时可使用缩放、拉伸命令以及修剪和延伸等命令。

4.6.1　缩放对象

AutoCAD 提供了缩放图形命令,用于改变图形的大小。通过缩放,可以使对象变得更大或更小,但不改变它的比例。可以通过指定基点和长度(被用做基于当前图形单位的比例因子)或输入比例因子来缩放对象,也可以为对象指定当前长度和新长度。

可以使用以下三种方法启动缩放对象命令。

- 菜单:【修改】|【缩放】。
- 工具栏:单击【修改】工具栏中的 按钮。
- 命令行:输入"scale"并按回车键。

执行缩放命令后,命令行提示:

命令:_scale

选择对象：

指定基点：

指定的基点是指缩放时的基准点（即缩放中心点）。拖动光标时图像将按移动光标的幅度放大或缩小。确定基点后命令行继续提示：

指定比例因子或［复制（C）/参照（R）］：

按指定的比例放大或缩小选定的对象，大于 1 的比例因子使对象放大，介于 0 和 1 之间的比例因子使对象缩小。输入比例因子即可完成图形缩放。如果确定基点后，输入"C"，则保留缩放前的图形对象。

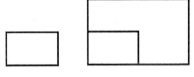

如图 4.31 所示，对小矩形进行缩放，指定左下角点为基点，输入"C"执行复制缩放，比例因子为 2。

图 4.31　缩放

4.6.2　拉伸对象

AutoCAD 提供了拉伸图形命令用于对图形的拉伸和压缩图形。可以使用以下三种方法启动拉伸对象命令。

* 菜单：【修改】|【拉伸】。
* 工具栏：单击【修改】工具栏中的 按钮。
* 命令行：输入"stretch"并按回车键。

执行拉伸命令后，命令行提示：

命令：stretch

以交叉窗口或交叉多边形选择要拉伸的对象……

选择对象：

命令提示采用以交叉窗口或交叉多边形选择要拉伸的对象，选择完毕后继续提示：

指定基点或［位移（D）］＜位移＞：

确定基点后命令继续提示：

指定第二个点或＜使用第一个点作为位移＞：

确定第二个点的位置，用鼠标捕捉可看到绘图区域的图形被拉伸，选择合适位置确定第二个点即可完成图形拉伸。

在执行拉伸图形命令的时候应该注意，使用交叉方式选择图形时，如果选择的图形实体全部落在选择窗口内，AutoCAD 将不拉伸实体而只是移动选择的图形实体，如果只是部分图形实体包括在选择框内，则 AutoCAD 将拉伸实体。图 4.32 所示为交叉方式全部选中多边形，多边形被移动；图 4.33 所示为部分选中多边形，该多边形被拉伸。

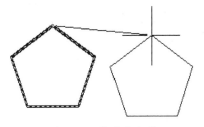

图 4.32　移动多边形

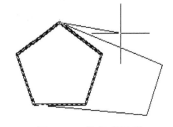

图 4.33　拉伸多边形

对同一个对象,当选择拉伸实体的位置不一样时,拉伸所得的图形也不一样。例如,拉伸矩形 *ABCD*,图 4.34 为原矩形,图 4.35 与图 4.36 为选择不同的位伸位置得到的形状。

其中图 4.35 为选中 *AB*、*BC*、*CD* 三边作为拉伸对象,图 4.36 为只选中 *BC*、*CD* 两边为拉伸对象。

在拉伸对象中还应该注意,并不是所有的图形对象只要被选中都可被拉伸。AutoCAD 只能拉伸带有端点的图形实体,如矩形、多边形、圆弧等。对于没有端点的图形实体,若其特征点被交叉窗口选中则该图形实体只会被移动,否则,该图形实体不能移动也不能被拉伸。

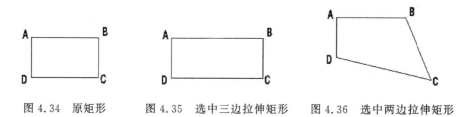

图 4.34 原矩形   图 4.35 选中三边拉伸矩形   图 4.36 选中两边拉伸矩形

4.6.3 修剪对象

修剪命令是绘图时常用的命令之一。它是按照指定的对象边界裁剪对象,将多余的部分去掉。可以使用以下方法启动命令。

- 菜单:【修改】|【修剪】。
- 工具栏:单击【修改】工具栏中的 -/-- 按钮。
- 命令行:输入"trim"或"tr"并按回车键。

执行修剪命令后,命令行提示:

命令:_trim

选择剪切边...

选择对象: 选择作为剪切边界的对象,若直接按回车键,则任意对象都可作为剪切边。

选择要修剪的对象,或按住 Shift 键选择要延伸的对象,或[栏选(F)/窗交(C)/投影(P)/边(E)/删除(R)/放弃(U)]: 直接拾取要修剪的对象,按回车键结束命令。

图 4.37 所示为使用修剪命令得到的图形。

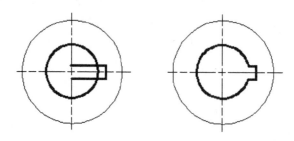

图 4.37 修剪图形

4.6.4　延伸对象

延伸对象和修剪对象的作用正好相反,可以将对象精确地延伸到指定的边界。可以使用以下方法执行命令。

- 菜单:【修改】|【延伸】。
- 工具栏:单击【修改】工具栏中的 -/-- 按钮。
- 命令行:输入"extend"或"ex"并按回车键。

执行延伸命令后,命令行提示:

选择边界的边…

选择对象或 ＜全部选择＞:

选择要延伸的对象,或按住 Shift 键选择要修剪的对象,或[栏选(F)/窗交(C)/投影(P)/边(E)/放弃(U)]:

该命令的操作与修剪命令操作完全相同。

4.7　倒角、圆角和打断

使用倒角和圆角命令可以将尖角削平或者使其变得较为平滑,实现对图形的修饰或符合技术要求。

4.7.1　倒角

可以选用以下方法启动倒角命令。

- 菜单:【修改】|【倒角】。
- 工具栏:单击【修改】工具栏中的 ▱ 按钮。
- 命令行:输入"chamfer"或"cha"并按回车键。

执行倒角命令后,命令行提示:

命令:chamfer

("不修剪"模式) 当前倒角距离 1 = 0.0000,距离 2 = 0.0000

选择第一条直线或 [放弃(U)/多段线(P)/距离(D)/角度(A)/修剪(T)/方式(E)/多个(M)]:

【选择第一条直线】是指确定定义二维倒角所需的两条边中的第一条边。此时若选择一条直线,命令行继续提示:

选择第二条直线,或按住 Shift 键选择要应用角点的直线:

执行倒角命令前,一般要在命令行提示时对倒角进行设置。括号内各选项的含义如下。

(1)【多段线】:多段线是指对整个二维多段线执行倒角命令。AutoCAD 对多段线每个顶点处的相交直线段进行倒角为多段线的新线段。如果多段线包含的线段过短以至于无法容纳倒角距离,则不对这些线段倒角,为对整个多段线进行倒角命令。

(2)【距离】:用于设置倒角至选定边端点的距离。选择【距离】选项后命令提示:

指定第一个倒角距离＜当前值＞:

指定第二个倒角距离<当前值>：

此时的第一个倒角距离是指倒角到第一条选定直线端点的距离,第二个倒角距离是指倒角到第二条选定直线端点的距离,两个距离可以相等,也可以不相等。

(3)【角度】:角度是指通过第一条线的倒角距离和第二条线的角度设置倒角距离。

(4)【修剪】:修剪用于控制 AutoCAD 是否将选定边修剪为倒角端点。应该注意的是:【修剪】选项将 TRIMMODE 系统变量设置为 1;【不修剪】选项将 TRIMMODE 系统变量设置为 0。如果 TRIMMODE 设置为 1,CHAMFER 将相交的直线修剪到倒角的端点。如果选定的直线不相交,AutoCAD 将延伸或修剪它们以使其相交。如果 TRIMMODE 设置为 0,AutoCAD 创建倒角而不修剪选定直线。

(5)【方式】:控制 AutoCAD 使用两个距离还是一个距离和一个角度来创建倒角。此时命令行提示:

输入修剪方式[距离(D)/角度(A)]<距离>：

执行倒角命令后如图 4.38 所示。

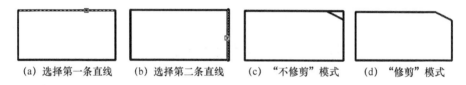

| (a) 选择第一条直线 | (b) 选择第二条直线 | (c) "不修剪"模式 | (d) "修剪"模式 |

图 4.38　倒角

4.7.2　圆角

可以选用以下三种方式启动圆角命令。

- 菜单:【修改】|【圆角】。
- 工具栏:单击【修改】工具栏中的 按钮。
- 命令行:输入"fillet"或"f"并按回车键。

执行圆角命令后,命令行提示:

命令:fillet

当前模式:模式 = 修剪,半径 = 10.0000

选择第一个对象或[放弃(U)/多段线(P)/半径(R)/修剪(T)/多个(M)]：

与倒角相似,此时 AutoCAD 提示选择需要圆角的图形对象。括号内的选项含义如下。

(1)【多段线】:用于在二维多段线中两条线段相交的每个顶点处插入圆角弧。

(2)【半径】:用于设置圆角半径。

(3)【修剪】:与倒角的修剪相似,用于控制 AutoCAD 是否将选定边修剪为倒角线端点。

以图 4.39 为例,命令操作如下。

命令: _fillet

当前设置:模式 = 修剪,半径 = 0.0000

选择第一个对象或 [放弃(U)/多段线(P)/半径(R)/修剪(T)/多个(M)]：r

指定圆角半径 <0.0000>：20

选择第一个对象或 [放弃(U)/多段线(P)/半径(R)/修剪(T)/多个(M)]：p

选择二维多段线：

7 条直线已被圆角

2 条 太短

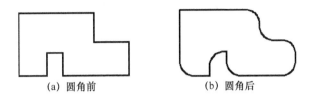

图 4.39　圆角多段线

在使用圆角命令的时候还应该注意圆角位置的选定,选定位置不同时,圆角位置也不同。

4.7.3　打断对象

打断对象是指删除对象上的某一部分或把对象分成两部分。可以选用以下三种方式启动命令。

- 菜单:【修改】|【打断】。
- 工具栏:单击【修改】工具栏中的 按钮。
- 命令行:输入"break"或"br"并按回车键。

执行命令后,命令行提示:

选择对象:　选取断开对象,默认时在对象上选择的点为第 1 个断开点,此时只能用直接拾取方式选择一次对象。

指定第二个打断点 或［第一点(F)］:　指定第 2 个断开点或输入 F 指定第 1 点。

此外,【修改】命令中的【打断于点】命令与【打断】命令相似,不再赘述。

4.8　编辑多段线、多线和样条曲线

4.8.1　编辑多段线

多段线作为 AutoCAD 中一种特殊的线条,同样也可以使用 Move 、Copy 等基本编辑命令进行编辑,但这些命令却无法编辑多段线本身所独有的内部特性。AutoCAD 专门为编辑多段线提供了一个命令,即 PEdit(多段线编辑)。使用 PEdit 命令,可以对多段线本身的特性进行修改,也可以把独立的首尾相连的多条线段合并成多段线。

启动 PEdit 命令的方法如下。

- 菜单:【修改】|【对象】|【多段线】。
- 工具栏:单击【修改 II】工具栏中的 按钮。
- 命令行:输入"PEdit"或"PE"并按回车键。

PEdit 命令启动后，AutoCAD 提示如下信息：

选择多段线： 拾取编辑对象，可以是一条多段线、直线或圆弧。

如果选取的是多段线，AutoCAD 将提示如下信息：

输入选项[闭合(C)/合并(J)/宽度(W)/编辑顶点(E)/拟合(F)/样条曲线(S)/非曲线化(D)/线型生成(L)/反转(R)/放弃(U)]：

使用这些选项，可以修改多段线的长度、宽度，使多段线打开或闭合等。下面分别介绍这些选项。

1. 闭合或打开一条多段线

如果用户正在编辑的多段线是非闭合的，上述提示符中会出现【闭合】选项，该选项使之封闭。如果是一条闭合的多段线，则上述提示符中第一个选项是【打开】，该选项可以打开闭合的多段线。

如果打开一条使用 Pline 命令的【闭合】选项绘制出的多段线，AutoCAD 将删除多段线中最后绘出的一段；如果打开由【多边形】和【矩形】命令绘出的多边形或者矩形，AutoCAD 将删除拾取点所在的一段，以打开多边形或矩形。

2. 连接多段线

使用【合并】选项，可以将其他的多段线、直线或圆弧连接到正在编辑的多段线上，从而形成一条新的多段线。要往多段线上连接实体，必须与原多段线有一个共同的端点，或者与所选定的将要连接到多段线上的其他实体有共同的端点。

在选项提示符下选择【合并】选项后，命令行提示【选择对象】，要求用户选择要连接的实体。可选择多个符合条件的实体进行连接，这多个实体应是首尾相连的。选择方式可单一进行拾取，也可以用交叉方式或窗口方式选取。选择完毕后，按回车键确认，AutoCAD 便将这些实体与原多段线连接。然后，命令行便报告原多段线增加的实体数量，被连接上的实体与原多段线成为一个整体。

有时有些实体和多段线端点看上去像是重合的，但事实上并未重合。这样的实体不能被连接。为了避免这种形似而实非的情况，在绘图中应多使用捕捉方式以提高精度。

3. 修改多段线宽度

使用【宽度】选项，可以改变多段线的宽度，但只能使一条多段线具有统一的宽度，而不能分段设置。对于各段宽度不同的多段线，使用【宽度】选项后将统一变成新设置的宽度。

4. 拟合与生成样条曲线

多段线中可以包含弧，使多段线各段之间以圆弧方式光滑连接。但 AutoCAD 还可以使用数学上的曲线拟合方法，生成贯穿整个多段线的光滑拟合曲线。

• 【拟合】

多段线进行曲线拟合，就是通过多段线的每一个顶点建立一些连续的圆弧，这些圆弧彼此的连接点相切，如图 4.40 所示。【拟合】选项下面没有起控制作用的子选项，用户不能直接控制多段线的曲线拟合方式。但可以使用【编辑顶点】中的【移动】和【切向】选项，通过移动多段线的顶点和控制个别顶点的切线方向，从而达到调整拟合曲线的目的。

图 4.40　多段线拟合

- **【样条曲线】**

使用【样条曲线】选项,以原多段线的顶点为控制点,AutoCAD 可由多段线生成样条曲线。多段线的顶点及其相互关系决定了样条曲线的路径。AutoCAD 有 3 个系统变量,这 3 个变量可以改变所生成的样条曲线的外观。这 3 个系统变量是 SPLINESEGS、SPL-FRAME 和 SPLINETYPE。在命令行直接输入变量名,可以对这 3 个变量的值重新进行设置。

变量 SPLINESEGS 用于控制样条曲线的精度,最小值是 1,AutoCAD 默认值为 8。如图 4.41 所示。它的值越大,精度越高,曲线就越光滑,同时样条曲线生成的速度就越慢,所占空间也越大。

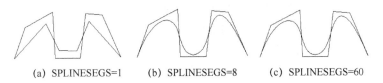

(a) SPLINESEGS=1   (b) SPLINESEGS=8   (c) SPLINESEGS=60

图 4.41 SPLINESEGS 值与样条曲线光滑度

变量 SPLFRAME 的值决定是否在屏幕上显示原多段线。其值为 1 时,样条曲线与原多段线一同显示;其默认值为 0,表示不显示原多段线。

变量 SPLINETYPE 的值控制产生样条曲线的类型,它的值只能是 5 或 6,默认值为 6。当其值为 6 时,AutoCAD 产生 3 次 B 样条曲线;其值为 5 时,产生 2 次 B 样条曲线。相对而言,3 次 B 样条曲线显得更平滑。

5. 调整线型比例

【线型生成】选项用来控制多段线为非实体状态时的显示方式,即控制虚线或中心线等非实线型的多段线角点的连续性。选择该选项,AutoCAD 给出如下提示信息:

输入多段线线型生成选项[开(ON)/关(OFF)]<当前选项>:

在该提示符下选择 ON,将使多段线角点封闭,反之,选择 OFF,则角点处是否封闭完全依赖于线型比例的控制。

6. 编辑多段线顶点

以上所介绍的选项都是对多段线的整体进行编辑。选择【编辑顶点】选项,AutoCAD 将显示出另外一组编辑选项:

下一个(N)/上一个(P)/打断(B)/插入(I)/移动(M)/重生成(R)/拉直(S)/切向(T)/宽度(W)/退出(X)<N>:

多段线的第一个顶点上,有一个 X 标记,按回车键,可以把 X 移至下一顶点,重复按回车键,可以把 X 移至所需任意位置的顶点上。X 所在的顶点是被激活的当前顶点,所有的操作都是针对当前顶点进行的。

- 【下一个】可以使位置标记 X 逐一向前移动。【上一个】选项则使之后退。这两个命令都是用来移动位置标记的。
- 【打断】可以使多段线在当前顶点处断开,从而成为两条新的多段线。
- 【移动】重新确定当前顶点的位置。
- 【插入】可以为多段线增加顶点。

- 【拉直】从 条多段线中移去多余的顶点。
- 【切向】可给一个顶点增加切线方向，或给定一个角度。当进行曲线拟合时，多段线的【拟合】选项将使用这个切线方向。但这一切线角度对样条曲线无任何影响。指定角度可通过键盘输入，也可以用鼠标指定一点。
- 【宽度】可以为多段线的不同部分指定宽度。当起点与终点宽度不同时，AutoCAD 将把起点宽度用于当前点，终点宽度用于下一顶点。
- 【重生成】用于重画多段线，恢复表面上消失而实际存在的多段线。
- 【退出】将退出顶点编辑操作。

启动编辑多段线命令后，如果选择的线不是多段线，AutoCAD 将出现提示符【是否将其转换为多段线？<Y>】。如果使用默认项 Y，则将把选定的直线或圆弧转变成多段线，然后继续出现上述的编辑多段线下属各选项。

下面举例说明使用 PEdit 命令对实体进行编辑。

（1）利用圆命令和直线命令绘出如图 4.42 所示的运动场。

（2）在【命令】提示符后输入"Pe"，启动 PEdit 命令。

（3）命令行出现【选择多段线】提示符，此时用拾取框拾取左边的圆弧。

（4）在【是否将其转换为多段线？<Y>】提示符下直接按回车键，把圆弧变成多段线。

（5）在选项提示符下选择【合并】选项。

（6）在【选择对象】提示符下用交叉方式选择图形中所有的实体，按回车键后再次出现 PEdit 选项提示符。

（7）选择【宽度】选项，即在选项提示符后输入"W"。

（8）在【指定所有段的新宽度】提示符下输入"0.5"，作为新多段线的宽度。

（9）退出 PEdit 命令，得到如图 4.43 所示的图形，运动场的周围线条变成一条多段线，且宽度增加了。

（10）在【命令】提示符下输入"Offset"。

（11）在【指定偏移距离或[通过(T)]<当前值>】提示符下输入"T"。

（12）在【选择要偏移的对象或<退出>】提示符下拾取多段线。

（13）在【指定通过点】提示符下用光标在靠内的位置选取一点。

此时便将多段线进行了偏移，形成一个环形跑道。最后图形如图 4.44 所示。

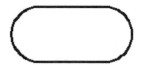
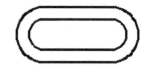

图 4.42　由直线和圆弧组成　　　图 4.43　编辑成一个整体　　　图 4.44　偏移对象

4.8.2　多线编辑

执行多线编辑命令，可以使用多种方法使多线相交。还可以通过添加或删除顶点，并且控制角点接头的显示来编辑多线。启动多线编辑命令有以下方式。

- 菜单：【修改】|【对象】|【多线】。

- 命令行:输入"Mledit"并按回车键。
- 双击多线。

执行多线编辑命令后,出现【多线编辑工具】对话框,如图 4.45 所示。选中相应的图标并单击【确定】按钮,或者双击相应的图标,在提示下选择要编辑的多线即可。

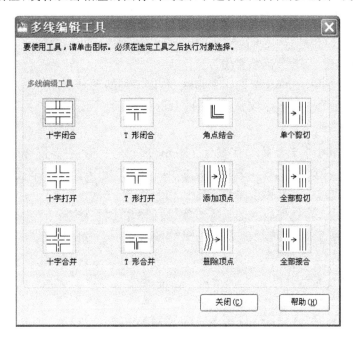

图 4.45 【多线编辑工具】对话框

如图 4.46(a)所示多线,弹出【多线编辑工具】对话框,其中各个选项意义及编辑效果如下。

- 十字闭合

AutoCAD 将打断第一条多线的所有元素,在两条多线之间创建闭合的十字交点。系统提示:

选择第一条多线: 选择铅垂多线。

选择第二条多线: 选择相交的水平多线,按回车键结束命令。

完成闭合的十字交点,如图 4.46(b)所示。

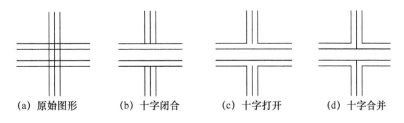

(a) 原始图形　　(b) 十字闭合　　(c) 十字打开　　(d) 十字合并

图 4.46 多线的十字编辑

- 十字打开

AutoCAD 将打断第一条多线的所有元素,并仅打断第二条多线的外部元素,在两条多线之间创建打开的十字交点。系统提示：

选择第一条多线： 选择铅垂多线。

选择第二条多线： 选择相交的水平多线,按回车键结束命令。

完成打开的十字交点,如图 4.46(c)所示。

- 十字合并

在两条多线之间创建合并的十字交点。选择多线的次序并不重要。系统提示：

选择第一条多线： 选择铅垂多线。

选择第二条多线： 选择相交的水平多线,按回车键结束命令。

AutoCAD 完成合并的十字交点。如图 4.46(d)所示。

- T 形闭合

在两条多线之间创建闭合的 T 形交点。AutoCAD 将第一条多线修剪或延伸到与第二条多线的交点处,需要注意的是,第一条多线被选中的一端保留下来,另一端被修剪。系统提示：

选择第一条多线： 选择铅垂多线下端。

选择第二条多线： 选择相交的水平多线,按回车键结束命令。

如图 4.47(a)所示多线,完成闭合的 T 形交点,如图 4.47(b)所示。

- T 形打开

在两条多线之间创建打开的 T 形交点。系统提示：

选择第一条多线： 选择铅垂多线下端。

选择第二条多线： 选择相交的水平多线,按回车键结束命令。

完成打开的 T 形交点,如图 4.47(c)所示。

- T 形合并

在两条多线之间创建合并的 T 形交点。AutoCAD 将多线修剪或延伸到与另一条多线的交点处。系统提示：

选择第一条多线： 选择铅垂多线下端。

选择第二条多线： 选择相交的水平多线,按回车键结束命令。

完成合并的 T 形交点,如图 4.47(d)所示。

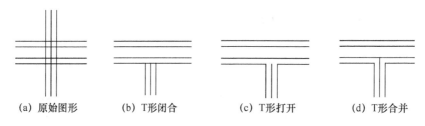

(a) 原始图形   (b) T形闭合   (c) T形打开   (d) T形合并

图 4.47　多线的 T 形编辑

- 角点结合

在多线之间创建角点结合。AutoCAD 将多线修剪或延伸到它们的交点处。系统提示：

选择第一条多线： 选择要修剪或延伸的多线。

选择第二条多线： 选择角点的另一半,按回车键结束命令。

如图 4.48 所示。

· 添加顶点‖→‖

向多线上添加一个顶点。执行命令后,系统提示:

选择多线:　在需要添加顶点的位置单击多线。

AutoCAD 在选定点处添加顶点并显示效果(要显示效果,需在【多线样式】对话框中勾选【显示连接】复选框),如图 4.49 所示。

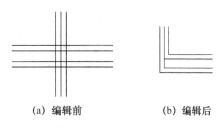

(a) 编辑前　　　　(b) 编辑后

图 4.48　角点结合

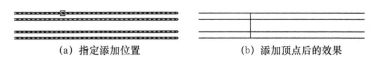

(a) 指定添加位置　　　　　　(b) 添加顶点后的效果

图 4.49　添加顶点

· 删除顶点‖‖→‖

从多线上删除一个顶点。执行命令后提示:

选择多线:　选择多线。

AutoCAD 删除最靠近选定点的顶点,如图 4.50 所示。

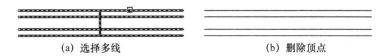

(a) 选择多线　　　　　　　(b) 删除顶点

图 4.50　删除顶点

· 单个剪切‖→‖

剪切多线上的选定元素。执行命令后系统提示:

选择多线:　选择多线,将多线上的选定点 1 用做第一个剪切点。

选择第二个点:　在多线上指定位置 2 为第二个剪切点。

AutoCAD 剪切由 1 点至 2 点之间的对象,如图 4.51 所示。

(a) 选择剪切点　　　　　　　(b) 单个剪切效果

图 4.51　单个剪切

· 全部剪切‖→‖

将多线剪切为两个部分。执行命令后系统提示:

选择多线:　选择多线,将多线上的选定点 1 用做第一个剪切点。

选择第二个点:　在多线上指定位置 2 为第二个剪切点。

AutoCAD 剪切由 1 点至 2 点之间的所有对象元素,如图 4.52 所示。

(a) 选择剪切点　　　　　　　　　(b) 全部剪切效果

图 4.52　全部剪切

• 全部接合 ‖‖‖→ ‖‖‖

将已被剪切的多线线段重新接合起来。执行命令后系统提示：

选择多线：　AutoCAD 将多线上的选定点 1 用做接合的起点。

选择第二个点：　在多线上指定接合的终点 2。

如图 4.53 所示。

(a) 选择接合点　　　　　　　　　(b) 全部接合效果

图 4.53　全部接合

4.8.3　编辑样条曲线

可以选用以下三种方式启动编辑样条曲线命令。

• 菜单:【修改】|【对象】|【样条曲线】。

• 工具栏:单击【修改Ⅱ】工具栏中的 ✍ 按钮。

• 命令行:输入"Splinedit"或"SPE"并按回车键。

执行编辑样条曲线命令后,命令行提示：

选择样条曲线：　选择要编辑的样条曲线。

输入选项［拟合数据(F)/闭合(C)/移动顶点(M)/精度(R)/反转(E)/放弃(U)］:

各选项含义如下。

• 拟合数据:编辑定义样条曲线的拟合点数据,包括修改公差。

• 闭合:将开放样条曲线修改为连续闭合的环。

• 移动顶点:将拟合点移动到新位置。

• 细化:通过添加、权值控制点并提高样条曲线阶数来修改样条曲线定义。

• 反转:修改样条曲线方向。

输入不同选项,可以对样条曲线进行多种形式的编辑。

4.9　使用夹点进行编辑

在绘制和编辑图形文件中,用户常需要对某一图形对象执行复制、移动、删除、拉伸、缩放等一系列命令。执行这些编辑命令除了使用以前介绍的基本命令外,还可以使用夹点对其进行方便快捷的编辑。本节将介绍使用夹点编辑图形实体的具体操作方法。

4.9.1　夹点与夹点的设置

当 AutoCAD 处于正常的绘制状态,未执行任何编辑和绘图命令时,用鼠标选中图形实体,则图形实体上会出现若干个带颜色的小方框。这些小方框均处在图形实体的特征点上,此时图形上的这些特征点即称为夹点。图 4.54 所示为常见图形实体的夹点。

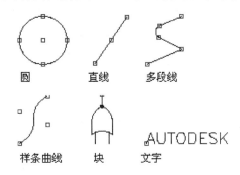

图 4.54　常见图形实体的夹点

夹点有两种状态:热态和冷态。热态夹点也叫热夹点,是指被激活的夹点。对于被激活的热夹点,用户可以使用夹点编辑的方式对选定图形实体进行编辑。冷态夹点是指未被激活的夹点,用鼠标单击某个冷夹点即可将该冷夹点激活。激活的夹点呈高亮显示或颜色、形式与冷夹点有区别。图 4.54 中所有夹点均为冷点,图 4.55 直线的中点处的方块为热夹点。

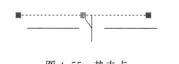

图 4.55　热夹点

用户可依据自己的需要设置夹点的特性。在正常绘图状态下单击鼠标右键出现快捷菜单,选择其中的【选项】将弹出【选项】对话框,单击【选择】选项卡,在该选项卡内选择【启用夹点】复选框,即可对夹点进行设置。

4.9.2　特征夹点的定义

对不同的图形实体,其特征控制点的位置与数量都不相同,AutoCAD 对各种不同图形实体的特征夹点有着相应的规定。表 4.1 为常见图形实体的特征夹点。

表 4.1　常见图形实体的特征夹点

图形实体	特征控制夹点	图形实体	特征控制夹点
直线	直线端点、直线中点	多段线	各直线端点与圆弧中点
圆弧	圆弧端点、圆弧中点	图样区域填充	区域图像填充的插入点
椭圆弧	椭圆弧端点、中点、椭圆圆心	文本	文本插入点
矩形	4 个角点	复合文本	文本各顶点
正多边形	多边形的全部角点	图形文本	插入点
圆	圆周上 4 个等分点与圆心	图块	插入点
椭圆	椭圆圆心、圆周上长短轴端点	尺寸标注	尺寸文字中心点,尺寸线、引出线端点

统一定义的图形实体特征夹点可以使夹点编辑方便快捷,并使图纸的精度得到保证,灵活运用夹点编辑可以使绘图编辑速度大幅度提高。

4.9.3 使用夹点编辑图形

图 4.56 夹点编辑菜单

使用夹点对图形实体进行编辑,必须使图形实体处于热夹点状态。使用夹点通常可以对图形执行拉伸、移动、旋转、比例缩放和镜像命令。使用夹点编辑图形一般有两种方法。

(1) 当夹点处于热夹点状态时,按回车键或空格键进行切换,在拉伸、移动、旋转、比例缩放和镜像中选择编辑命令。命令行提示:

　　＊＊拉伸＊＊

　　指定拉伸点或［基点(B)/复制(C)/放弃(U)/退出(X)］:

此时即可拉伸图形实体。

(2) 夹点处于热夹点状态时,单击鼠标右键出现如图 4.56 所示的夹点编辑菜单,选择【拉伸】选项即可启动拉伸图形实体命令。

4.10　上机实训

一、根据图 4.57 所示的基本图形,利用编辑命令完成图 4.58。操作步骤如下。

(1) 用圆和矩形命令绘制如图 4.57 所示的图形。

(2) 用点划线画出大圆的两条中心线,以及小圆的铅垂中心线,如图 4.59 所示。

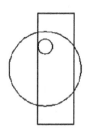　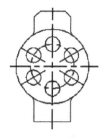　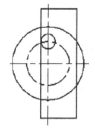

图 4.57　基本图形　　　图 4.58　生成图形　　　图 4.59　绘制中心线

(3) 选中小圆和小圆中心线,用阵列命令得到图 4.60。

(4) 使用移动命令,选中矩形,使矩形中心和圆心重合,如图 4.61 所示。

(5) 用修剪命令,剪去大圆中的矩形线,如图 4.62 所示。

(6) 用圆角命令,做出矩形与大圆的 4 个圆角,再用倒角命令去掉矩形的两个角,完成图 4.58。

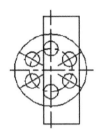

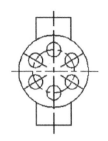

图 4.60　阵列小圆　　　　图 4.61　移动矩形　　　　图 4.62　修剪矩形

二、利用多线等有关绘图与编辑命令,完成如图 4.63 所示的户型图。

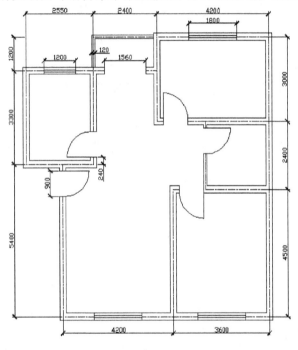

图 4.63　户型图

(1) 选择【格式】|【多线样式】,创建墙体多线样式,偏移量为 120,0,−120,如图 4.64 所示。

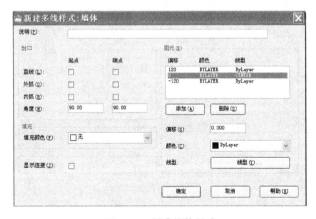

图 4.64　创建墙体样式

（2）创建阳台多线样式，偏移量为 60,0，—60，如图 4.65 所示。

图 4.65　创建阳台样式

（3）创建窗户多线样式，偏移量为 120,40，—40，—120，如图 4.66 所示。

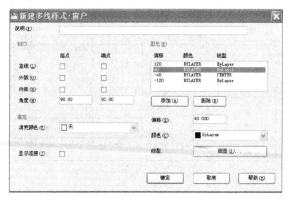

图 4.66　创建窗户样式

（4）打开【对象捕捉】工具栏，利用【绘图】|【多线】及【修改】|【对象】|【多线】命令，绘制户型图的轮廓，如图 4.67 所示。

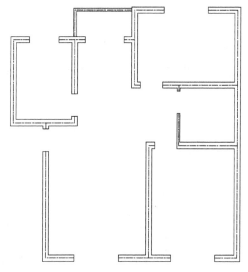

图 4.67　户型图轮廓

（5）绘制窗户,如图 4.68 所示。

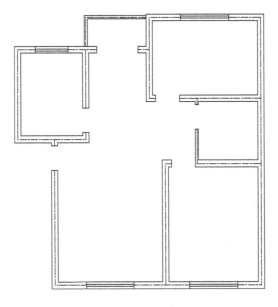

图 4.68　绘制窗户

（6）绘制门,并利用复制、旋转等命令在指定位置插入门,完成全图,如图 4.69 所示。

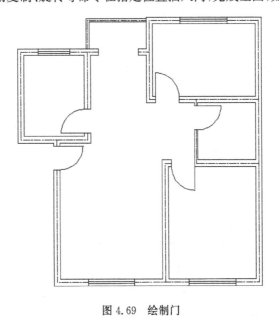

图 4.69　绘制门

本 章 小 结

　　本章详细介绍了 AutoCAD 的平面编辑命令,其中主要包括选择对象的方法;二维图形基本
的编辑命令,如复制、旋转、拉伸、移动、阵列等;使用夹点编辑图形对象等。这些命令是编辑图形

的基础,用户应该在实践中熟练掌握,从而提高图形绘制和编辑的效率。

习　题

一、选择题

1. 关于夹点编辑说法错误的是_____。

A. 直接指定对象时,对象关键点上将出现夹点

B. 可以拖动这些夹点快速拉伸、移动、旋转、缩放或镜像对象

C. 夹点的颜色必定是蓝色

D. 图形对象类型不同,夹点也不同

2. 两条平行的直线圆角(Fillet),其结果是_____。

A. 不能倒圆角　　　　　　　　　B. 按设定的圆角半径倒角

C. 死机　　　　　　　　　　　　D. 倒出半圆,其直径等于线间距离

3. 在进行修剪操作时先要定义修剪边界,没有选择任何对象,而是直接按回车键或空格键,则_____。

A. 无法进行下面的操作　　　　　B. 系统继续要求选择修剪边界

C. 修剪命令马上结束　　　　　　D. 所有显示的对象作为潜在的剪切边

4. 进行多段线编辑(PEdit)时,"合并(J)"对象_____。

A. 必须端点重合　　　　　　　　B. 端点可以不重合

C. 端点重合一定可以合并　　　　D. 合并后图形对象属性没有任何变化

5. 利用偏移不可以_____。

A. 复制直线　　　　　　　　　　B. 创建等距曲线

C. 删除图形　　　　　　　　　　D. 画平行线

二、实训题

1. 绘制如图 4.70 所示的篮球场。

2. 绘制如图 4.71 所示的二维图形。

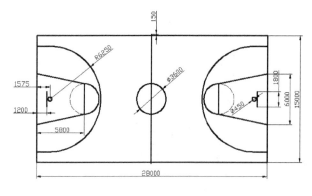

图 4.70　篮球场

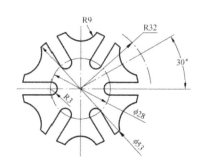

图 4.71　二维图形

第5章　图层与对象特性

教学目标

- 掌握建立、使用图层的方法
- 掌握管理图层及其对象的方法
- 使用对象特性修改图形对象

　　图层是 AutoCAD 中的主要组织工具。图层是图形对象的载体,多个图层重叠在一起,彼此之间是透明的,关闭一个图层,那么此图层上的图形对象都随之消失,同样,在一个图层中进行颜色、线型等特性的修改,也不会影响到别的图层。绘图过程中,可以暂时关闭不相关的层,减少屏幕上显示的图形对象,提高显示和编辑效率;可以锁定或冻结完成绘制的图层,以防对它们进行误操作;按图层组织图形,各层对象具有其共同的属性,这些属性只在图层属性中记录一次,所以可以避免数据冗长,提高系统处理效率。

5.1　图　层

　　一般的 CAD 文件都具有多个图层,可以使用图层将信息按功能编组,以及执行线型、颜色及其他标准等。

5.1.1　创建和命名图层

　　【图层】工具栏如图 5.1 所示,可以使用以下几种方法创建图层。

- 菜单:【格式】|【图层】。
- 工具栏:单击【图层】工具栏中的 按钮。
- 命令行:输入"layer"或"la"后按回车键。

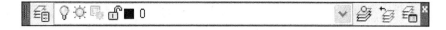

图 5.1　【图层】工具栏

执行命令后,系统弹出如图 5.2 所示的【图层特性管理器】对话框。

单击【新建图层】按钮 ，或将光标置于一个图层名称上，然后单击鼠标右键，弹出的快捷菜单如图 5.3 所示，从弹出的快捷菜单中选择【新建图层】选项，新建的图层将会直接显示在列表中。每个新图层自动添加顺序编号，默认图层名称是 0，建立的图名称分别为【图层 1】、【图层 2】、【图层 3】……也可以选择【删除图层】等。

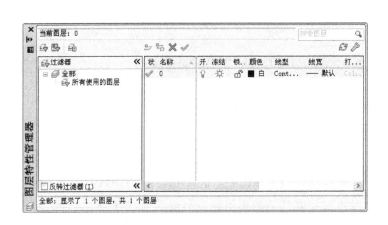

图 5.2 【图层特性管理器】对话框

图 5.3 右键快捷菜单

5.1.2 修改图层的设置

图层设置，包括图层的颜色、线型、线宽、打印样式、开关等，也就是【图层特性管理器】的图层列表中所列的各项。图层的参数设定以后，在该图层上进行的操作，都将是按照图层设置进行的，除非手动改变对象的设置。所以对于这类典型的线型和颜色，有必要建立一个统一的图层作为载体，以方便绘图操作。

单击相关图层条目上面表示特性的图标，如图 5.4 所示，弹出修改各项特性的对话框。

图 5.4 图层各项设置

可以设定的各项的意义及其设定方法如下。

（1）颜色：为图层指定颜色。单击某一图层【颜色】列的内容，系统弹出【选择颜色】对话框。从对话框中选择一种颜色，单击【确定】按钮，即可完成设定并且返回。

（2）线型：为图层指定线型。单击某一图层【线型】列的内容，系统弹出如图 5.5 所示的【选择线型】对话框。从【已加载的线型】列表中选择一种线型，单击【确定】按钮，就为图层指定了选择的线型。

（3）线宽：为图层指定线宽。单击某一图层【线宽】列的内容，系统弹出如图 5.6 所示的

【线宽】对话框。从【线宽】列表框中选择一种线宽,单击【确定】按钮,就为图层指定了选择的线宽。

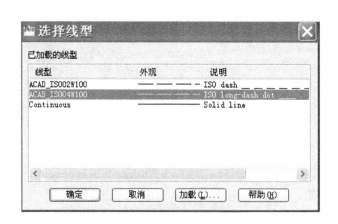

图 5.5　【选择线型】对话框　　　　　　　　图 5.6　【线宽】对话框

(4) 打印样式:如果图形中有多个打印样式,可以为当前图层指定其中的一种。

(5) 开关:打开或者关闭图层显示。图层显示的开关在绘图过程中很常用,例如,某些辅助线的显示和隐藏,通过将其放置在特定的【辅助线】层中来实现,在不使用的时候关掉该图层。单击某一图层【开关】位置的图标,就可以打开或者关闭图层显示。

(6) 冻结:单击冻结图标可以冻结选定图层。冻结的图层不可见,不能编辑修改和打印,并且不参与运算。不能冻结当前图层,也不能将冻结图层置为当前。

(7) 锁定:锁定图层中的对象不能编辑。如果只想查看图层信息而不需要编辑图层中的对象,则将图层锁定。

(8) 打印:控制该图层上的对象是否打印。

5.1.3　保存和恢复图层设置

在绘图过程中,可能需要临时更改某些图层的特性,但是在以后有可能会使用原来的特性,这种情况下就可以将这些图层的设置保存起来,需要的时候再恢复这些图层的特性。

在【图层特性管理器】对话框中选择一个图层,选择右键快捷菜单中的【保存图层状态】命令,弹出如图 5.7 所示的【要保存的新图层状态】对话框,在其中选择所要保存的图层特性,然后单击【确定】按钮就可以将图层状态保存起来。需要恢复图层状态的时候,在【图层特性管理器】对话框中单击【状态管理器】按钮,系统弹出如图 5.8 所示的【图层状态管理器】对话框。在【图层状态】列表中给出了当前图形中已经保存的图层状态。

图层状态用一个小文件存储在 AutoCAD 2010 特定目录下,单击该对话框右边的按钮,可以对图层状态进行恢复、编辑、重命名、删除、输入和输出操作。

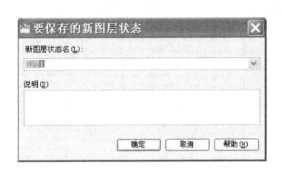

图 5.7 【要保存的新图层状态】对话框   图 5.8 【图层状态管理器】对话框

5.1.4 使用图层控制图形

在工程制图中,一般都使用图层来控制图形,对象的颜色、线型和线宽均设置为 ByLay-er(随层)。在绘图过程中使用图层控制图形的操作是非常频繁的,这就需要设置当前图层。

设置当前图层有以下两种方法。

(1) 在【图层特性管理器】对话框中,选择某一图层,单击【置为当前】按钮,就能将该图层设为当前图层。一旦设置了当前图层,在重新修改当前图层之前,所有绘制的图形对象都会放置在当前图层中。

(2) 使用【图层】工具栏。【图层】下拉列表框中总是显示当前图层的名称,打开图层列表,从其中选择某一图层,就可以将其设置为当前图层,如图 5.9 所示。

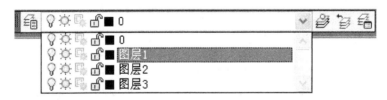

图 5.9 设置当前图层

5.1.5 设置图层的颜色和线型

1. 设置图层的颜色

不同的对象采用不同的颜色有利于进行分辨,AutoCAD 中默认的颜色为白色,系统共有 255 种颜色供用户使用,其中有 7 种为标准颜色。

7 种标准的颜色分别有自己的编号,分别为 1(红色)、2(黄色)、3(绿色)、4(青色)、5(蓝色)、6(品红色)、7(白色)。颜色还有一个很特别的作用,就是指定绘图设备不同颜色的笔宽,把图形按颜色分出粗细。

用户可以选用【随层】、【随块】或某一具体颜色等选项。

1)【随层】或者【随块】指定颜色

选择对象以后,即可在【修改】工具栏的【颜色】下拉列表框中选择颜色,如图 5.10 所示。

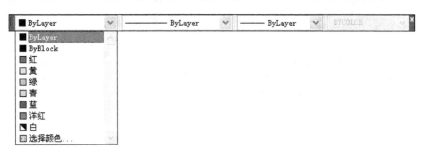

图 5.10 【颜色】下拉列表框

【颜色】下拉列表框中的前两项为 ByLayer 和 ByBlock,分别表示随层和随块,其含义如下。

- 随层(ByLayer):所绘制对象的颜色总是与所在图层的颜色相一致,这是最常用的方式。
- 随块(ByBlock):将颜色设置成【随块】后,绘图的颜色为白色。当把在该颜色设置下绘制的对象做成块后,块成员的颜色将随着块的插入而与当前层的颜色相一致,但前提是在插入块时当前层的颜色应设置成【随层】方式。

2)自定义颜色

选择【特性】工具栏中【颜色】下拉列表框中的【选择颜色】选项,可以选用具体的颜色,选定以后,AutoCAD 将以该颜色绘图,不再随着它所在图层或块的颜色而改变。

运行该命令的方法有以下两种。

- 菜单:【格式】|【颜色】。
- 命令行:输入"color"或"col"后按回车键。

执行命令后,调出【选择颜色】对话框,其中有三个选项卡:【索引颜色】、【真彩色】和【配色系统】。它们的含义分别如下。

- 【索引颜色】选项卡提供了 AutoCAD 中使用的标准颜色。一般来说,绘图过程为某一对象或图层指定一种标准颜色即可。
- 【真彩色】选项卡提供了对真彩色的支持,指定真彩色时,可以使用 HSL 或 RGB 颜色模式,图 5.11 所示是两种配色系统,规则如下:指定使用 HSL 颜色模式来选择颜色,色调、饱和度、亮度是颜色的特性,通过指定三者的数值即可确定颜色;指定使用 RGB 颜色模式来选择颜色,颜色可以分解成红、绿和蓝三个分量,为每个分量指定的值分别表示红、绿和蓝颜色分量的强度,从而确定颜色。
- 【配色系统】选项卡允许用户从一系列的 PANTONE 或者 RAL 颜色表中选择所需要的颜色,如图 5.12 所示。

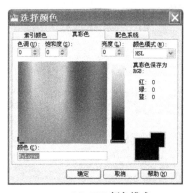

(a) HSL颜色模式　　　　　　　　　　　　　(b) RGB颜色模式

图 5.11　【真彩色】选项卡

2. 设置图层的线型

通过图层指定对象的线型，也可以不依赖图层而明确地指定线型。工程制图中，一般用线型来表示不同的对象。例如，粗实线表示可见轮廓线，点划线表示几何中心线等。

1）线型管理器

可以使用以下方法创建该命令。

- 菜单：【格式】|【线型】。
- 命令行：输入"linetype"或"lt"后按回车键。

执行命令后，将会弹出如图 5.13 所示的【线型管理器】对话框，其中显示了系统中已经加载的所有线型。在默认情况下，图形会自动加载 Continuous 线型，并且提供 ByLayer（随层）和 ByBlock（随块）两个选项。

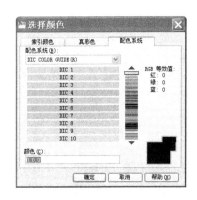

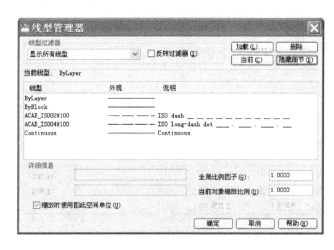

图 5.12　【配色系统】选项卡　　　　　　图 5.13　【线型管理器】对话框

【线型过滤器】选项区用于指定显示线型的条件，适用于图形中使用了多种线型的场合，默认选项为【显示所有线型】，此外还有其他的选项，如图 5.14 所示。

【线型过滤器】有三种选择，它们的含义如下。

（1）显示所有线型：即所有已经加载的线型都显示在线型列表中。

图 5.14　【线型过滤器】中的选项

（2）显示所有使用的线型：线型列表中只显示绘图过程中使用过的已载线型。

（3）显示所有依赖于外部参照的线型：线型列表中只显示依赖于外部参照的已加载线型。

但当该选项的【反向过滤器】被选中，线型列表中显示的与上述三种选择显示的正好相反。如选择【显示所有使用的线型】，同时【反向过滤器】被选中，则线型列表中显示绘图过程中从未使用过的已加载线型。

选择【线型】列表中的某一个线型，然后单击【当前】按钮，就能将该线型设置为当前线型；单击【显示细节】按钮，则可以在【显示细节】和【隐藏细节】之间切换。在【显示细节】状态下，该对话框被分为两个部分，下方显示出被选择线型的具体细节，如比例方面的参数等。

2）加载线型

在【线型管理器】对话框中，默认的有三种线型：ByLayer(随层)、ByBlock(随块)和 Continuous(连续)。线型名称旁边有线型的外观和说明书。其他的线型存在于线型文件中，如果用户需要使用其他的线型，就必须加载相应的线型。

加载线型的步骤如下。

（1）在【线型管理器】对话框中单击【加载】按钮，在弹出的【加载或重载线型】对话框中选择要加载的线型，如图 5.15 所示。

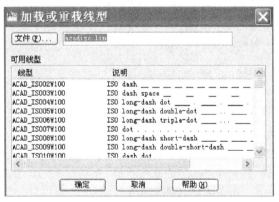

图 5.15　【加载或重载线型】对话框

（2）在【可用线型】列表框中选择需要加载的线型，按住 Ctrl 键或 Shift 键可以同时加载多个线型。设置完毕，单击【确定】按钮来完成加载并且关闭对话框。

3）重命名线型

用户可以对系统提供的线型进行重命名的操作。线型的命名支持中文，不习惯英文的用户可以将线型名称修改为中文。

重命名线型可以按照下面的步骤进行。

（1）打开【线型管理器】对话框，在【线型】列表中选择需要命名的线型。

（2）在对话框下方显示线型的详细信息中重命名，若无详细信息，则单击【显示细节】按钮。

（3）单击【确定】按钮以完成重命名操作。

【详细细节】的具体参数如下。

（1）【名称】和【说明】：显示了在线型列表框中所选线型的名称和描述文字，用户可以在此对其进行编辑。

（2）全局比例因子：用于设置线型的全局比例，它对图形中的所有线型都有效，并影响所有已经存在的对象以及以后要绘制的新对象。

（3）当前对象缩放比例：用于设置新建对象的线型比例。最终的比例是全局比例因子与该对象比例因子的乘积。

（4）缩放时使用图纸空间单位：按相同的比例在图纸空间和模型空间缩放线型，当使用了多个视图时，该选项很有用。

（5）ISO 笔宽：将线型比例设置为标准 ISO 值列表中的一个。最终的比例是全局比例因子与该对象比例因子和乘积。

除了重命名外，对于加载的线型还可以进行删除操作，但重命名和删除操作都无法应用于三种系统默认的线型，对于三种系统默认的线型，名称和说明栏都是淡显并无法修改的。

5.2 管理图层

利用【图层特性管理器】对话框，用户还可以对图层进行更多设置与管理。例如，要选中一组连续图层，可单击第一个图层，然后按下 Shift 键后单击该组的最后一个图层；要选中或取消某个图层，可在按下 Ctrl 键时，单击该图层名称。选中图层后，可按【Delete】键将其删除。不过，图层 0、当前图层、依赖外部参照的图层和包含对象的图层不能删除。此外，通过用鼠标右键单击某个图层，然后从打开的快捷菜单中选择合适的菜单项，用户也可新建图层、设置当前图层或选择图层。

5.2.1 转换图形目标的所属图层

用户有时候需要将某一部分图形的所属图层进行修改，以便进行图形属性编辑。其操作步骤如下。

（1）选择需要修改所属图层的图形实体，用户可以连续选择多个需要修改的图形实体。

（2）单击工具栏的图层列表下拉菜单。

（3）选择目标图层，AutoCAD 将所选的图形实体添加到选择的图层中。

5.2.2 使用图层控制图形显示

用户可以使用图层控制图形的显示。打开【图层特性管理器】对话框，单击 💡 图标即可切换图层的可视状态，当该图标变为 💡 时，表示该图层即被关闭，用户将不能看见图层上的所有图形实体，这些实体同时被锁定，不能被选择和编辑。

5.2.3 使用图层控制图形文件的打印

当图层属性中的打印项显示 🖶 图标时，表示该图层可被打印。用户可以单击 🖶 图标切换打印状态,当 🖨 图标变为 🖨⊘ 时表示该图层将不能被打印。用户可以使用该功能控制图形实体是否需要打印。

此外,还可以使用图层控制打印效果,在 AutoCAD 中通过图层控制打印的方法有两种:一种是通过图层的线宽来控制打印效果,另一种就是通过图层的颜色来控制打印效果。用户在新建图形的时候把各个图层的颜色与线宽定义清晰,在打印的时候即可方便快捷地设置打印样式。

5.2.4　图层转换器的使用

使用【图层转换器】可以改变当前图形中的图层,使其与另一图形中的图层或标准文件中的图层相匹配。例如,两张不同作者绘制的图纸,其图层设置肯定是不一致的,用户可以使用图层转换器将这两张图纸的图层设置与特性相统一。此外,用户还可以使用【图层转换器】控制绘图区域中图层的可见性以及从图形中删除所有的非参照图层。

可以通过以下方式启动图层转换器命令。

- 菜单:【工具】|【CAD 标准】|【图层转换器】。
- 命令行:输入"laytrans"后按回车键。

执行命令后,弹出如图 5.16 所示的【图层转换器】对话框。

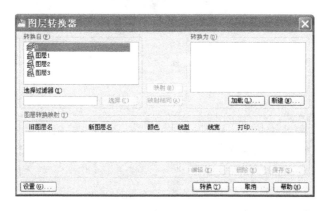

图 5.16　【图层转换器】对话框

下面详细介绍该对话框中各选项的作用。

- 【转换自】列表:列出当前图形中将要被转换的图层,用户可以在该列表中选择要转换的图层或提供一个选择过滤器。图层名前的图标颜色指示该图层是否被参照,其中,黑色图标为被引用,白色图标表示没被引用(即该图层为空)。对于没有被引用的图层,用户可以通过在该图层上单击鼠标右键,从弹出的快捷菜单中选择【清理图层】选项来删除它。
- 【选择过滤器】文本框:用于指定【转换自】列表中显示哪些图层,它可以使用通配符。
- 【选择】按钮:选择那些使用【选择过滤器】制定的图层。
- 【转换为】列表:列出那些在当前图形中可以被转换的图层。
- 【转换】按钮:开始对建立映射的图层进行转换。
- 【加载】按钮:可以将一个指定的图形、样板或标准文件的图层装载到【转换为】列表中。如果这些文件包含已存储的图层映射,那么这些映射的图层也被显示在【图层转换映射】列表框中。

- 【新建】按钮:用于在转换为列表中创建一个新图层。
- 【映射】按钮:映射【转换自】与【转换为】列表中选择的图层。
- 【映射相同】按钮:映射两个列表中所有名字相同的图层。
- 【图层转换映射】列表:该列表中列出了所有被转换的图层,以及被转换图层的特性。
- 【编辑】按钮:用户可以在【图层转换映射】列表中选择图层,并使用该按钮编辑其特性。单击【编辑】按钮将打开【编辑图层】对话框,用户可利用该对话框对选定的转换进行编辑,还可以对图层的属性进行修改。

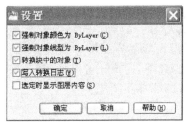

图 5.17 【设置】对话框

- 【删除】按钮:用于删除选定的映射。
- 【保存】按钮:用于【存储图层转换映射】列表中的映射。
- 【设置】按钮:单击该按钮将打开【设置】对话框,如图 5.17 所示。利用该对话框,用户可以定制图层转换的过程,如是否采用指定给其图层的颜色、线型,是否转换块中嵌套的对象等。

5.3 对象特性

对象特性包含一般特性和几何特性,一般特性包括对象的颜色、线型、图层及线宽等,几何特性包括对象的尺寸和位置。

5.3.1 特性窗口

特性窗口即特性管理器。在 AutoCAD 绘图中,每一个图形实体都有着自己的特性,如直线的图层,线型,颜色,线宽,文本文字的高度、宽度等,这些图形实体的特性在绘制时已经定义,在绘制完毕后即显示出来,这些特性决定了图形的图样。对图形实体的编辑实质上就是在更改图形实体的特性,使之满足用户的需要。

可以使用以下方法打开特性窗口。

- 菜单:【工具】|【特性】。
- 工具栏:单击工具栏上的 ▦ 按钮。
- 命令行:输入"properties"或"pr"并按回车键。

打开特性窗口,如图 5.18 所示。

【特性】窗口中列出了被选定图形实体的所有特性,用户可以选择单一的目标实体,也可以选择多个目标实体。如果选择了多个目标实体,【特性】窗口将显示它们共有的特性。【特性】窗口中的特性有的是可以编辑的,有的则不允许编辑。下面将分别介绍【特性】窗口中的常用选项与功能。

- 【快速选择】 ▦ 按钮:用于打开对话框,方便目标实

图 5.18 【特性】窗口

体的选择。

- 【选择对象】 按钮：用于选择图形实体进行编辑。
- 【按字母】选项卡：按字母顺序排列出所选图形实体的全部属性。
- 【按分类】选项卡：按属性类型列出所选图形实体的全部属性。

5.3.2 使用特性窗口编辑图形特性

一般而言，当选择的目标实体不同时，特性窗口的内容也不相同。例如，选定多行文字，特性窗口如图 5.19 所示；选定圆，特性窗口如图 5.20 所示。但无论是什么图形实体，其特性一般都分为基本特性、几何特性、样式特性、文字特性、打印样式特性、视窗特性等。

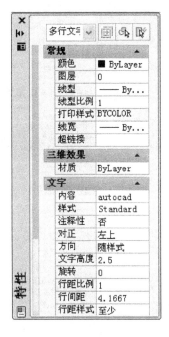

图 5.19 多行文字特性窗口

图 5.20 圆特性窗口

下面介绍部分常用的基本特性。

（1）颜色：指定对象的颜色和进行颜色修改。在颜色的下拉菜单中列举了 7 种常用颜色，如图 5.21所示。用户还可以根据需要选择其他颜色，在颜色列表中选择【选择颜色】，将弹出【选择颜色】对话框。在选择实体颜色的时候，为方便修改，通常设定实体颜色为【随层】。

（2）图层：指定对象的当前图层，也可以对目标实体所属的图层进行修改。此时的修改是指改变目标实体所在的图层，而不是对原来图层的属性进行修改。图层下拉菜单如图 5.22所示，此列表显示当前图形中所有图层。

图 5.21 【颜色】下拉菜单

（3）线型：指定对象的当前线型，也可用于更改实体的线型。线型下拉菜单如图 5.23 所示，此列表显示当前图形中所有线型。

图 5.22　【图层】下拉菜单　　　　　图 5.23　【线型】下拉菜单

（4）线型比例：指定对象的线型比例因子。

（5）线宽：指定对象的线型宽度。单击线宽右边的箭头将出现【线宽】下拉菜单，如图 5.24 所示。

（6）厚度：设置当前的三维实体厚度，即 Z 方向的高度。此特性并不应用到所有对象，只有对三维实体才能编辑。

应该注意的是，当选中多个目标实体的特性时，特性窗口中除基本属性保持不变外，其他的下属目录只列出选中图形实体共有的部分，其余不同的特性则无意义，不能编辑。例如，选中两个同圆心的圆，此两个圆的半径、线型、颜色不同，则特性窗口只显示选中两圆的圆心坐标，其余属性不予显示。

特性窗口中还有【超级链接】选项，是指在网络上共享数据的功能，用户可以根据需要把编辑的图形实体通过网络链接到某一地址，从而实现数据共享与传递，如图 5.25 所示。

 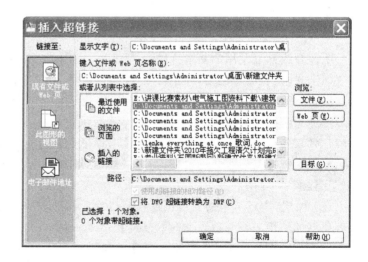

图 5.24　【线宽】下拉菜单　　　　　图 5.25　【插入超链接】对话框

5.4　上机实训

绘制如图 5.26 所示的轴承座图形。

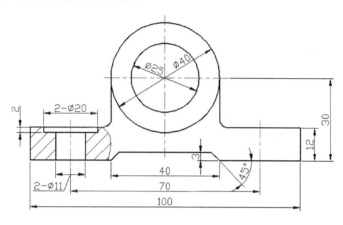

图 5.26　轴承座

（1）创建图层及对象特性。根据图中不同线型和类别的需要，建立以下 4 个图层来绘制这个图形。

① 轮廓线层：绘制图中的粗实线，线型为 Continuous，颜色为白色，线宽为 0.3 mm。

② 中心线层：绘制图中的细点划线，线型为 Center，颜色为红色，线宽为默认。

③ 剖面线层：绘制图中的剖面线，线型为 Continuous，颜色为白色，线宽为默认。

④ 标注层：标注图中的尺寸，线型为 Continuous，颜色为白色，线宽为默认。

（2）将中心线层置为当前图层，绘制圆的两条中心线。然后将轮廓层置为当前，以中心线的交点为圆心，绘制直径为 40、25 的两个圆，如图 5.27 所示。

（3）执行【偏移】命令，将水平中心线向下偏移 27 单位。打开【草图设置】对话框，将极轴角增量设置为 45。打开【正交】，执行【直线】或【多段线】命令，以大圆与水平中心线的交点为起点，依次绘制长 18 的铅垂线、长 30 的水平线、长 12 的铅垂线、长 30 的水平线，打开【极轴】，继续绘制与圆下方的水平中心线相交的 45°斜线，打开【正交】，绘制与铅垂中心线相交的水平线，如图 5.28 所示。

（4）执行【偏移】命令，将铅垂中心线向右偏移 35 单位，调整其长度至合适位置。删除下方的水平中心线。执行【圆角】命令，对图形进行半径为 3 的圆角，如图 5.29 所示。

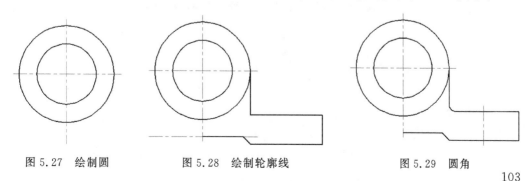

图 5.27　绘制圆　　　　　图 5.28　绘制轮廓线　　　　　图 5.29　圆角

（5）执行【镜像】命令，将图形镜像处理，如图 5.30 所示。

（6）根据尺寸要求，绘制图形左端剖开的 2-Φ20 和 2-Φ11 的孔，如图 5.31 所示。

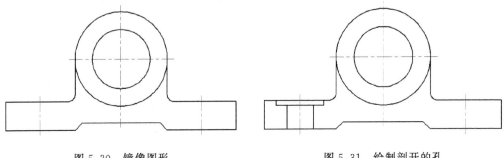

图 5.30　镜像图形　　　　　　　　图 5.31　绘制剖开的孔

（7）将剖面线层置为当前图层，用样条曲线绘制局部剖分界线并填充剖面线，如图 5.32 所示。

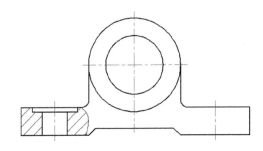

图 5.32　填充剖面线

（8）将标注层置为当前图层，进行尺寸标注，完成全图并保存。

本 章 小 结

本章详细介绍了 AutoCAD 的图层和对象特性的使用方法。图层是 AutoCAD 管理图形的一种非常有效的手段，用户可以利用图层将图形进行分组管理。例如，将轮廓线、中心线、尺寸、文字、剖面线等机械制图常用的绘图元素放置在不同的图层中。绘制的每个对象都具有特性，有些特性是基本特性，适用于多数对象，如图层、颜色、线型和打印样式；有些特性是专用于某个对象的特性，例如，圆的特性包括半径和面积，直线的特性包括长度和角度。通过本章的学习，应重点掌握与应用以下知识点：图层的创建、设置和保存等操作；颜色、线型和线宽的使用；灵活使用图层管理图形；特性窗口的使用等。

习　题

一、选择题

1. 可以删除的图层是_____。

A. 当前图层　　　　B. 0 层　　　　C. 包含对象的图层　　　D. 空白图层

2. 设定图层的颜色、线型、线宽后,在该图层上绘图,图形对象将_____。

A. 必定使用图层的这些特性

B. 不能使用图层的这些特性

C. 使用图层的所有这些特性,不能单项使用

D. 可以使用图层的这些特性,也可以在"对象特性"中使用其他特性

3. 在系统中,颜色的默认设置是_____。

A. 白色　　　　　B. 黑色　　　C. 随层(ByLayer)　　D. 随块(ByBlock)

4. 图层上的图形仍然处于图形中并参加运算,但不在屏幕上显示,该图层被_____。

A. 关闭　　　　　B. 冻结　　　C. 锁定　　　　　D. 打开

5. 在恢复选定命名图层状态时,可以指定所要恢复的图层状态设置和图层特性,下面_____不是。

A. 开/关、冻结/解冻、锁定/解锁　　　B. 打印/不打印

C. 颜色、线形、线宽　　　　　　　　　D. 图层名称

二、实训题

使用不同的图层绘制如图 5.33 所示的泵盖零件图。图层要求见表 5.1。

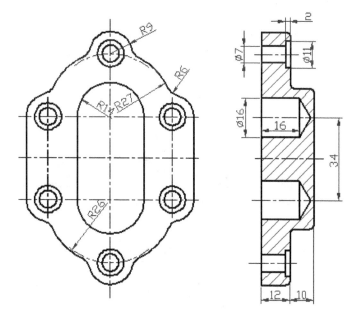

图 5.33　泵盖零件图

表 5.1　图层要求

名称	颜色	线型	线宽/mm
轮廓线层	白色	Continuous	0.50
细点划线层	蓝色	Center	默认
剖面线层	红色	Continuous	默认
标注层	红色	Continuous	默认

第6章　文字与表格

教学目标

- 掌握文字样式的设置方法
- 掌握文字的创建和编辑方法
- 掌握表格样式的设置方法
- 掌握表格的创建和编辑方法
- 了解字段的创建与使用

　　文字和表格是图形中很重要的一部分内容,在进行各种设计或绘制图样的过程中经常用到。例如,在机械工程图绘制中,需要输入技术要求、输入标题栏和明细表及其内容等;在建筑图纸或土木工程的施工图样中,需要输入详图说明、材料清单等。

　　AutoCAD 2010 提供了强大的书写文本的功能,在不同情况下可以运用不同文字样式,不仅支持单线条的形文字,还支持 Windows 系统的 True Type 字体。AutoCAD 2010 还提供插入表格的功能,可以创建工程图纸中用到的标题栏、明细表、材料清单等。AutoCAD 2010 可以创建适合不同专业和规范的表格样式,以满足各种设计的要求。

　　在书写文本或填充表格内容时,可以使用 AutoCAD 2010 提供的字段功能,用于显示在图纸生命周期中可能修改的数据信息,字段更新时将显示最新的数据。

6.1　注写文本

　　文本可以为图形提供附加信息和特征描述,AutoCAD 提供了单行文字和多行文字两种书写文字的功能,用户可以根据需要自由选择。图形中的所有文字都具有与之相关联的文字样式。输入文字时,程序使用当前的文字样式,该样式定义了字体、字号、倾斜角度、方向和其他文字特征。在注写文本之前需要设置文字样式,以符合国家标准规定和专业规范所要求的文字样式。

6.1.1　设置文字样式

　　设置文字样式是进行书写文字、填写表格和标注尺寸等工作的首要任务。文字样式用于指定书写文字的外观,主要包括字体、高度、宽度系数、倾斜角、反向、倒置等参数。在很多情况下,系统默认字体往往不符合标准或用户专业需求。在 AutoCAD 2010 中,可以根据用户的专业要求设置和创建文字样式,在一幅图纸中,可以定义多种文字样式,以适合于不同对象的需要。启动设置文字样式的方法如下。

- 菜单:【格式】|【文字样式】。
- 工具栏:单击【文字】工具栏中的 按钮。
- 命令行:输入"style"或"st"并按回车键。

打开【文字样式】对话框,如图 6.1 所示。通过【文字样式】对话框,用户可以设置文字的字体、高度、宽度系数等参数。

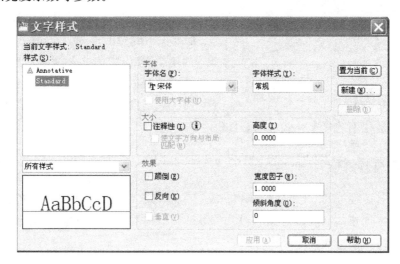

图 6.1　【文字样式】对话框

该对话框中主要选项功能如下。

1) 样式

【样式】列表中列出了当前可以使用的文字样式,默认文字样式为【Standard】标准样式。

2) 字体

字体决定了文字的最终显示形式,通过【字体名】下拉列表框可以选择已有字体。当选定【使用大字体】复选框后,【字体样式】下拉列表框将变为【大字体】下拉列表框,用于选择大字体文件,通过【高度】文本框,可以设定文字的高度,如果设置为 0,则每次使用该样式输入文字时,系统给定默认高度 2.5,提示输入文字高度,输入大于 0 的高度值则为该样式设置固定的文字高度。建议设置为 0,以便书写文字时调整修改文字高度。

在 AutoCAD 2010 中可以使用两种字体:Windows 中的字体 True Types 和 AutoCAD 软件安装目录下的 Fonts 目录中的已经编译的形文字字体 SHX 字体。其中,Big Font 大字体文件在亚洲常用。

针对中国国家标准,一般在工程图纸中书写汉字要采用大字体汉字,需要在【SHX 字体】下拉列表中选择斜体西文【gbeitc. shx】或正体西文【gbenor. shx】,选中【使用大字体】复选框,在【大字体】下拉列表中选择【gbcbig. shx】大字体。

要建立符合国标的汉字,一定要选用上文所述两种 SHX 文件,它解决了以下两个问题:一是同样字高的中西文字大小一致;二是文字的宽度比例设置为 1 时就已经符合国标规定。

3）效果

使用该选项组中的选项可以设置文字的显示效果，主要包括【颠倒】、【反向】、【垂直】、【宽度因子】和【倾斜角度】5 个复选框。设置的效果可以在【预览】区域中显示，需要预览的文字以设定的效果显示在预览大框内。

4）【新建】按钮、【置为当前】按钮和【删除】按钮

下拉列表包括已定义的样式名并默认显示选择的当前样式。要更改当前样式，可以从列表中选择另一种样式。样板文件 acad. dwt 和 acadiso. dwt 中系统默认样式为【Standard】标准样式。单击【新建】按钮可以创建新样式，如图 6.2 所示。此外，单击【置为当前】按钮可以将选中的样式应用到当前。单击【删除】按钮可以删除文字样式，但

图 6.2 【新建文字样式】对话框

无法删除已经被使用的文字样式和默认的【Standard】样式。

6.1.2 注写单行文本

文本输入有两种方式：单行文字和多行文字。单行文字用来书写比较少的文字对象，可以使用单行文字创建一行或多行文字，其中，每行文字都是独立的对象，可对其进行重定位、调整格式或进行其他修改。

启动单行文字的命令方式如下。

- 菜单：【绘图】|【文字】|【单行文字】。
- 工具栏：单击【文字】工具栏中的 **A** 按钮。
- 命令行：输入"text"或"dt"并按回车键。

执行单行文字命令后，命令行提示信息如下：

命令：_dtext

当前文字样式："Standard" 文字高度： 2.5000 注释性： 否

指定文字的起点或[对正(J)/样式(S)]： 可以指定文字的起始位置，也可以设定对正方式或选择文字的样式。

指定高度<2.5000>： 指定文字的高度。

指定文字的旋转角度<0>： 指定文字旋转角度并按回车键。

输入文字内容，直接按回车键结束。

注意：text 是创建文本的原始命令，dtext 是它的一个更新。在绘图中使用，二者作用是相同的。

在绘图窗口指定的文字起点后，光标在该位置以"I"型闪烁，如图 6.3 所示。输入文字后按回车键可以继续输入第二行文字，两次按回车键结束命令。

在创建单行文字指定起点时，可以看到有【对正(J)】选项。该选项指的是文字相对于起点位置的对齐方式，即决定字符的哪一部分与插入点对齐，左对齐是默认选项，因此要左对齐文字，不必在【对正(J)】提示下输入选项。

(a) 指定起始位置时　　　　　　　　　　　(b) 书写第二行文字时

图 6.3　单行文字输入时的光标显示状态

【对正(J)】选项中包括：

［对齐(A)/布满(F)/居中(C)/中间(M)/右对齐(R)/左上(TL)/中上(TC)/右上(TR)/左中(ML)/正中(MC)/右中(MR)/左下(BL)/中下(BC)/右下(BR)］：

其含义如下。

- 对齐(A)：字高无须输入，取决于字的多少，由字宽来反求。
- 布满(F)：字高由设定的值确定，字宽自动适应。
- 居中(C)：要求输入标注文本基线的中心，输入字符后，字符均匀地分布于该中心点两侧。
- 中间(M)：要求输入标注文本中线的中心，输入字符后，字符均匀地分布于该中心点两侧。
- 右对齐(R)：要求输入标注文本基线的终点，输入字符后，字符均匀地分布于该终点的左侧。
- 左上(TL)：要求输入标注文本的左上点，输入字符后，字符均匀地分布于该点的左下侧。
- 中上(TC)/右上(TR)/左中(ML)/正中(MC)/右中(MR)/左下(BL)/中下(BC)/右下(BR)和左上(TL)类似，要求输入基点的位置不同。

可根据图 6.4 所示的对正选项之一对齐文字。

在实际设计绘图中，经常需要标注一些特殊的字符，如直径符号(φ)、度数(°)等。由于这些字符不能从键盘上直接输入，因此，AutoCAD 提供了相应的控制代码或 Unicode字符串，可以使用某些特殊字符或符号以实现这些标注书写要求。AutoCAD 的控制符由两个百分号(％％)及一个字符构成。常用的控制符如表 6.1 所示。

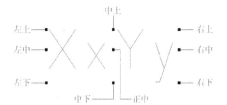

图 6.4　单行文字的对齐方式

表 6.1　AutoCAD 常用的控制符

控制符	功　能	控制符	功　能
％％D	书写度数符号(°)	％％C	书写直径符号(φ)
％％P	书写公差符号(±)	％％％	书写百分号(%)

6.1.3　注写多行文本

多行文字的功能比单行文字强大得多。多行文字是由任意数目的文字行和段落组成。多行文字一次输入的文字是一个对象，可以移动、删除、旋转、复制、镜像、拉伸或缩放多行文字对象。将多行文字用 Explode 命令分解后是几个单行文字，而单行文字不可以再分解。启动多行文字的命令方法如下。

- 菜单：【绘图】|【文字】|【多行文字】。
- 工具栏：单击【绘图】工具栏或【文字】工具栏中的 **A** 按钮。
- 命令行：输入"mtext"或"mt"并按回车键。

执行多行文字命令后，需要在绘图窗口中指定边框的起点和对角点以定义多行文字对象的宽度，这时将会显示【在位文字编辑器】，用户可以创建多行文字，命令行提示：

命令：_mtext 当前文字样式："工程字(斜)" 当前文字高度： 2.5

指定第一角点： 指定文字输入的起点。

指定对角点或[高度(H)/对正(J)/行距(L)/旋转(R)/样式(S)/宽度(W)]：

指定文字输入的对角点：

指定了多行文字的边框区域后，输入多行文字，如图 6.5 所示。输入完毕后单击【确定】按钮结束多行文字输入。

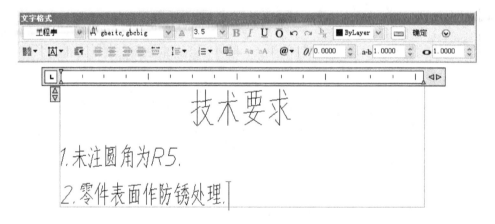

图 6.5　注写多行文字

如果输入的文字溢出了定义的边框，将用虚线来表示定义的宽度和高度。

【在位文字编辑器】包含【文字格式】工具栏和【选项】菜单，其主要功能如下。

1.【文字格式】工具栏

【文字格式】工具栏可以设置多行文字对象的文字样式、字体、文字高度、颜色、对齐方式、倾斜角度等属性，还可以控制选定文字的字符格式和段落格式。

（1）样式：指定多行文字对象应用的文字样式。如果将新样式应用到现有的多行文字对象中，用于字体、高度和粗体或斜体属性的字符格式将被替代。堆叠、下划线和颜色属性将保留在应用了新样式的字符中。不应用具有反向或倒置效果的样式。如果在 SHX 字体中应用定义为垂直效果的样式，这些文字将在在位文字编辑器中水平显示。

（2）字体：为新输入的文字指定字体或改变选定文字的字体。TrueType 字体按字体族的名称列出。AutoCAD 编译的形（SHX）字体按字体所在文件的名称列出。

（3）文字高度：按图形单位设置新文字的字符高度或修改选定文字的高度。多行文字对象可以包含不同高度的字符。

（4）粗体和斜体：开和关闭新文字或选定文字的粗体、斜体格式。此选项仅适用于使用 TrueType 字体的字符。

（5）下划线 **U**：打开和关闭新文字或选定文字的下划线。

（6）放弃和重做：在【在位文字编辑器】中执行【放弃】和【重做】操作，包括对文字内容或文字格式所做的修改。

（7）堆叠 ꜝ：如果选定包含堆叠字符的文字，则创建堆叠文字（如分数）。如果选定堆叠文字，则取消堆叠。使用堆叠字符如插入符（⁀）、正向斜杠（/）和磅符号（♯）时，堆叠字符左侧的文字将堆叠在字符右侧的文字之上。默认情况下，包含插入符的文字转换为左对正的公差值。包含正斜杠（/）的文字转换为居中对正的分数值，斜杠被转换为一条同较长的字符串长度相同的水平线，如图 6.6 所示。包含磅符号（♯）的文字转换为被斜线（高度与两个字符串高度相同）分开的分数。斜线上方的文字向右下对齐，斜线下方的文字向左上对齐，如图 6.7 所示。

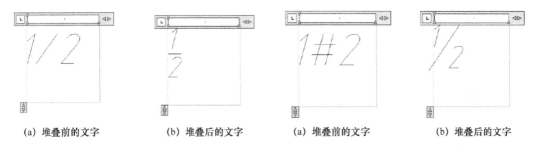

(a) 堆叠前的文字　　　　(b) 堆叠后的文字　　　　(a) 堆叠前的文字　　　　(b) 堆叠后的文字

图 6.6　包含"/"的文字堆叠　　　　　　　图 6.7　包含"♯"的文字堆叠

（8）颜色：指定新文字的颜色或更改选定文字的颜色。可以为文字指定与被打开的图层相关联的颜色（随层）或所在的块的颜色（随块）。也可以从颜色列表中选择一种颜色，或单击【其他】打开【选择颜色】对话框。

（9）标尺 ▭：在编辑器顶部显示标尺。拖动标尺末尾的箭头可更改多行文字对象的宽度。列模式处于活动状态时，还显示高度和列夹点。

（10）确定：关闭编辑器并保存所做的所有更改。

（11）编号 ≣▾：创建将带有句点的列表格式。

（12）插入字段 ⧉：打开【字段】对话框，如图 6.8 所示，从中可以选择要插入文字中的字段。关闭该对话框后，字段的当前值将显示在文字中。

（13）倾斜角度 *0*：确定文字是向前倾斜还是向后倾斜。倾斜角度表示的是相对于 90° 角方向的偏移角度。输入一个 −85～85 之间的数值使文字倾斜。倾斜角度的值为正时文字向右倾斜，倾斜角度的值为负时文字向左倾斜。

2.【选项】菜单

在【文字格式】工具栏中单击【选项】按钮 ，可以打开【选项】菜单，该菜单用于控制【文字格式】工具栏的显示，并提供了其他编辑选项，如图 6.9 所示。

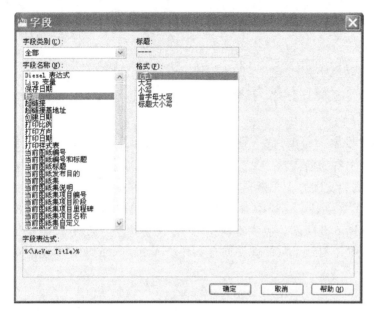

图 6.8 【字段】对话框

图 6.9 【文字格式】工具栏
中的【选项】菜单

6.2 编辑文本

6.2.1 编辑单行文本

在图纸中书写的文字，无论是单行文字还是多行文字，有时需要对其进行标记和修改，如移动、复制、修改其内容等，可以通过文字编辑命令进行修改已书写的文字。编辑单行文本包括文字内容、对正方式及缩放比例。

1. 编辑单行文字的内容

编辑单行文字的内容通常有两种方法，最常用的方法是使用 ddedit 命令，方法如下。

- 菜单：【修改】|【对象】|【文字】|【编辑】。
- 工具栏：单击【文字】工具栏中的 按钮。
- 快捷菜单：选择文字对象，在绘图区域中单击鼠标右键，然后单击【编辑】命令。
- 命令行：输入"ddedit"并按回车键。

执行文字编辑命令后，用户可以选中文字内容进行删除或替换等操作，修改文字内容。另一种方法是使用 Properties 命令修改单行文本，方法是直接选择文本，然后单击【标准】工具栏上的【对象特性】按钮，打开【特性】选项板，如图 6.10 所示。在这里用户不仅能够编辑文字内容,还可以编辑图层、插入点、样式、对正、旋转角度和其他特性。

2. 按比例缩放文字

在 AutoCAD 中,还可以对单行文本进行按比例缩放,其方法如下。

- 菜单:【修改】|【对象】|【文字】|【比例】。
- 工具栏:单击【文字】工具栏中的 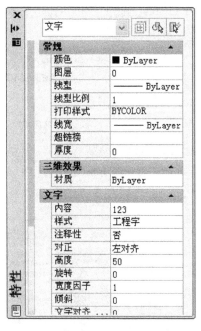 按钮。
- 命令行:输入命令"scaltext"并按回车键。

执行按比例缩放文字命令后,命令行提示:

命令:_scaletext

选择对象:找到 1 个

选择对象:回车

输入缩放的基点选项

[现有(E)/左对齐(L)/居中(C)/中间(M)/右对齐(R)/左上(TL)/中上(TC)/右上(TR)/左中(ML)/正中(MC)/右中(MR)/左下(BL)/中下(BC)/右下(BR)]<现有>:

指定新模型高度或[图纸高度(P)/匹配对象(M)/比例因子(S)]<2.5>:

图 6.10　在【特性】选项板中修改单行文字

3. 编辑对正方式

编辑文字的对正方式可以重定义文字的插入点而不移动文字,方法如下。

- 菜单:【修改】|【对象】|【文字】|【对正】。
- 工具栏:【文字】工具栏中的 按钮。
- 命令行:输入"justifytext"并按回车键。

执行该命令后,命令行提示:

命令:_justifytext

选择对象:找到 1 个

选择对象:

输入对正选项

[左对齐(L)/对齐(A)/布满(F)/居中(C)/中间(M)/右对齐(R)/左上(TL)/中上(TC)/右上(TR)/左中(ML)/正中(MC)/右中(MR)/左下(BL)/中下(BC)/右下(BR)]<左对齐>:

6.2.2　编辑多行文本

多行文字的编辑修改也比较简单,常用的方法如下。

- 菜单:【修改】|【对象】|【文字】|【编辑】。
- 工具栏:单击【文字】工具栏中的 按钮。
- 命令行:输入命令"ddedit"并按回车键。

用户也可以双击多行文字,或直接选择文字后,单击鼠标右键,在弹出的快捷菜单上选

113

择【编辑多行文字】命令进行编辑。

另外,和编辑单行文字一样,用户还可以通过【特性】选项板进行更加全面的修改,如图 6.11 所示。

在编辑多行文字时,可以为多行文字设置多种格式。这些格式主要包括:输入特殊字符,设置文字背景,设置文字项目编号,输入外部文字等。

1. 特殊字符的输入

单击【在位编辑器】@按钮,弹出特殊字符快捷菜单,如图 6.12 所示,分别列出了一些常用的特殊符号的输入代号,对于没有列出的特殊符号,可以单击"其他(O)…"进行查找,弹出如图 6.13 所示的【字符影射表】对话框。在该表中选中要插入的字符,然后单击【复制】按钮,之后在多行文字编辑器中右击鼠标,在快捷菜单中选择【粘贴】命令。

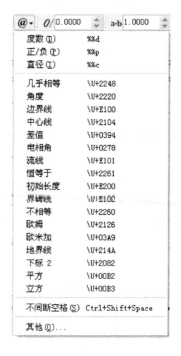

图 6.11　在【特性】选项板中编辑多行文字　　　图 6.12　特殊符号快捷菜单

2. 项目符号和列表

在输入的多行文字需要排成列表等格式的时候,可以使用【项目符号和列表】选项,如需要输入多个技术要求。单击在位文字编辑器上的【选项】按钮 ⊙,在弹出的菜单中选择【项目符号和列表】,弹出下一级子菜单,如图 6.14 所示。

3. 背景遮罩

当输入的文字需要背景时,可以使用【背景遮罩】功能。单击在位文字编辑器上的【选项】按钮 ⊙,弹出选项菜单,选择【背景遮罩】打开【背景遮罩】对话框,如图 6.15 所示。选中【使用背景遮罩】复选框,可根据需要设置背景偏移因子和填充颜色。

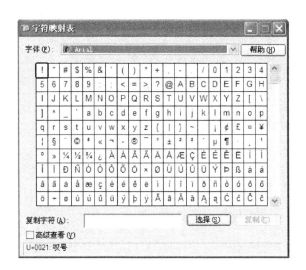

图 6.13　字符影射表

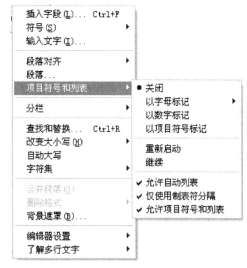

图 6.14　【选项】菜单【项目符号和列表】

4. 输入外部文件的文字

当输入的多行文字是已经存在的文件时，可以在文字输入窗口中右击鼠标，从弹出的快捷菜单中选择【输入文字】命令，弹出【选择文件】对话框，此时可以将已经创建的"＊.txt"或"＊.rtf"格式文件的文字内容直接导入到当前图形中。

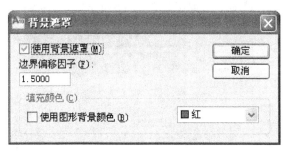

图 6.15　【背景遮罩】对话框

6.2.3　拼写检查

拼写检查可以检查图形中所有文字的拼写；可以指定已使用的特定语言的词典并自定义和管理多个自定义拼写词典；可以检查图形中所有文字的拼写，包括标注文字、单行文字和多行文字、块属性中的文字、外部参照。

使用拼写检查，将搜索用户指定的图形或图形的文字区域中拼写错误的词语。如果找到拼写错误的词语，则将亮显该词语并且图形区域将缩放为便于读取该词语的比例。

进行拼写检查的方法如下。

* 菜单：【工具】|【拼写检查】。
* 命令行：输入"spell"并按回车键。

执行拼写检查后，将打开【拼写检查】对话框，如图 6.16 所示。

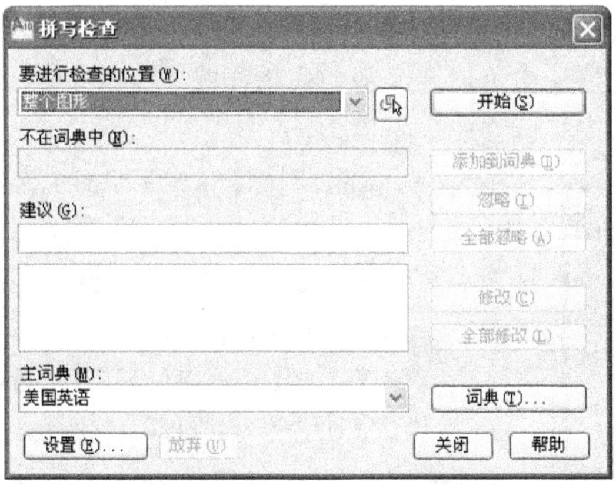

图 6.16　【拼写检查】对话框

6.3　创建表格

表格是在行和列中包含数据的对象。在绘制一个完整的工程图中常会遇到使用表格的情况,如装配图纸的标题栏和明细表、建筑图纸的材料清单等。在使用表格之前,用户也需要对表格的格式进行设置,即创建表格样式,以满足专业要求。

6.3.1　创建表格样式

表格样式可以控制一个表格的外观。用户可以使用样板文件 acad.dwt 和 acadiso.dwt 的默认表格样式 Standard,或创建自己的表格样式。创建表格样式的方法如下。

- 菜单:【格式】|【表格样式】。
- 工具栏:单击【样式】工具栏的 按钮。
- 命令行:输入"tablestyle"或"ts"并按回车键。

执行该命令后弹出如图 6.17 所示的【表格样式】对话框。

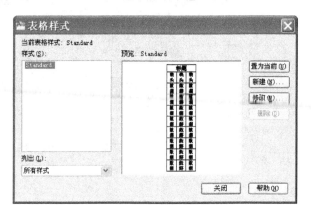

图 6.17　【表格样式】对话框

【表格样式】对话框的右侧有 4 个按钮,可以对表格样式中选中的样式名进行不同的操作。

- 置为当前:将【样式】列表中选定的表格样式设置为当前样式。
- 新建:显示【创建新的表格样式】对话框,从中可以定义新的表格样式。
- 修改:显示【修改表格样式】对话框,从中可以修改表格样式。
- 删除:删除【样式】列表中选定的表格样式,但不能删除图形中正在使用的样式,也不能删除系统默认的 Standard 样式。

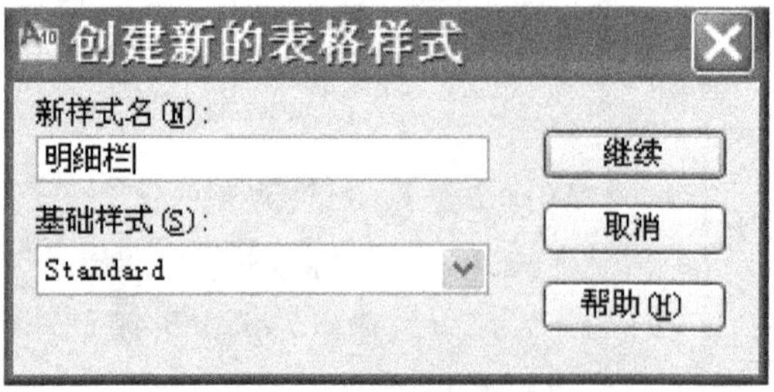

图 6.18　【创建新的表格样式】对话框

单击【新建】按钮,打开【创建新的表格样式】对话框,如图 6.18 所示,在【新样式名】文本框中可以输入新建表格的名字,在【基础样式】下拉列表中

可以选择一个已有的表格样式作为新样式的基础,新样式将在该样式基础上进行修改。图
6.18 所示就是以 Standard 样式为基础的新的表格样式,名称为"明细栏"。

　　单击【继续】按钮,打开【新建表格样式】对话框。在【新建表格样式】对话框中,可以通过
【单元样式】下拉列表分别选择【数据】、【标题】和【表头】,利用【常规】、【文字】、【边框】选项卡
设置对应的样式,如图 6.19 所示。当表格不需要【标题】和【表头】时,可以将其类型由标签
改为数据。

- 【常规】:在此选项卡中,可以设置表格的填充颜色、对齐方向、格式、类型及页边距等特性。
- 【文字】:在此选项卡中,根据需要设置单元中的文字样式、高度、颜色和角度等特性。
  如图 6.20 所示。

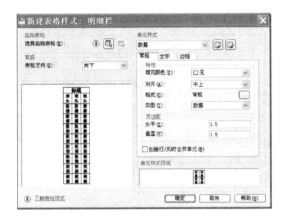
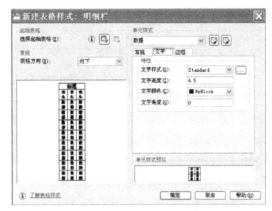

图 6.19　【新建表格样式】对话框　　　　　　图 6.20　【文字】选项卡

- 【边框】:在此选项卡中,可以设置是否需要表格的边框。当具有边框时,可以设置线
  宽、线型、颜色和间距等特性,如图 6.21 所示。

6.3.2　使用表格

　　设置了表格样式之后,就可以使用该样式创建所需要的表格,创建方法如下。
- 菜单:【绘图】|【表格】。
- 工具栏:单击【绘图】工具栏的⊞按钮。
- 命令行:输入"table"并按回车键。

　　该命令可以弹出【插入表格】对话框,如图 6.22 所示。其中包含【表格样式】、【插入选
项】、【插入方式】、【列和行设置】、【设置单元样式】等选项组,在选项组中设置不同的选项可
以创建不同样式的表格。

　　(1)表格样式设置:【表格样式名称】下拉列表框可以选择系统提供或用户已经创建好
的表格样式,默认样式为 Standard。单击其后的按钮🗐,可以启动【表格样式】对话框对所
选表格进行修改。

　　(2)插入方式:该选项组可以指定表格位置。其中,【指定插入点】单选按钮,可以在绘
图区域中的某点插入固定大小的表格,只需要拖动表格大小至合适位置后,单击鼠标,即可
完成表格创建,【指定窗口】单选按钮可以在绘图区域通过拖动表格边框来创建任意大小的

表格。

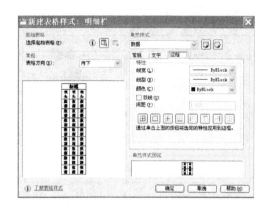

图 6.21 【边框】选项卡

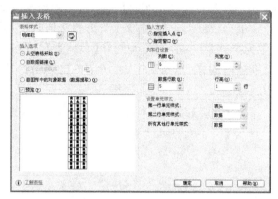

图 6.22 【插入表格】对话框

(3)【插入选项】：选择"从空表格开始"，可以创建一个空白表格；选择"自数据链接"，可以从外部导入数据来创建表格；选择"自图形中的对象数据（数据提取）"，可以用于从图形中提取数据来创建表格。

(4) 列和行设置：该选项组可以改变【行】、【数据行】、【列宽】和【行高】文本框中的数据，来调整表格的外观大小。

(5)【设置单元样式】：可以设定是否需要标题、表头和数据行。

当选定【指定窗口】单选按钮并指定列宽时，则选定了【自动】选项，且列数由表格的宽度控制；当选定【指定窗口】单选按钮并指定列数时，则选定了【自动】，且列宽由表格的宽度控制，最小列宽为一个字符。

当选定【指定窗口】单选按钮并指定行高时，则选定了【自动】选项，且行数由表格的高度控制。最小行高为 1 行。用户还可以按照文字的行高指定表格的行高。文字行高基于文字高度和单元边距，这两项均在表格样式中设置。选定【指定窗口】选项并指定行数时，则选定了【自动】选项，且行高由表格的高度控制。

用户设置好各个选项后，单击【确定】按钮，移动鼠标在绘图窗口中单击将插入一个表格，此时表格的第一行处于文字的编辑状态，如图 6.23 所示，在表格单元中输入相应文字，然后单击其他表格单元输入相应的内容即可。

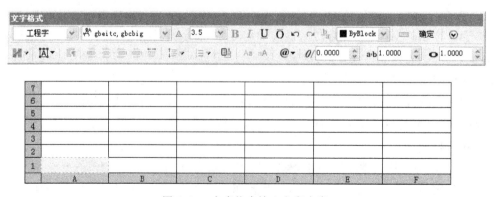

图 6.23 在表格中输入文字内容

6.4 编辑表格

6.4.1 编辑表格的基本特性

表格创建完成后,用户可以单击该表格上的任意网格线以选中该表格,然后通过使用【特性】选项板或夹点来修改该表格,如图 6.24 所示。此外还可以使用表格的快捷菜单来编辑表格,如图 6.25 和图 6.26 所示。使用表格快捷菜单可以对表格进行剪切、复制、删除、缩放、旋转等简单操作,还可以均匀调整表格的行、列大小,删除所有特性替代等。

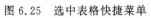

图 6.24 表格【特性】选项板　　图 6.25 选中表格快捷菜单　　图 6.26 选中单元格快捷菜单

6.4.2 编辑表格的行高和列宽

用户可以对表格的行高和列宽等进行编辑调整,选中单元格后,利用如图 6.24 所示的属性选项板,修改其中的【表格高度】、【表格宽度】数值即可。可以将新的表格样式应用到已有的表格上。

AutoCAD 2010 还可以利用【插入公式】功能进行简单公式计算,用于计算总计、计数和平均值,以及定义简单的算术表达式。插入公式的方法是在选中的单元格上单击鼠标右键,然后选择【插入点】命令,弹出如图 6.27 所示的子菜单。单击求和,命令行提示:

选择表单元范围的第一个角点:

选择表单元范围的第二个角点:

确定求和范围后，如图 6.28 所示，单击【文字格式】中的【确定】按钮，自动得到计算数据。

图 6.27　插入公式子菜单

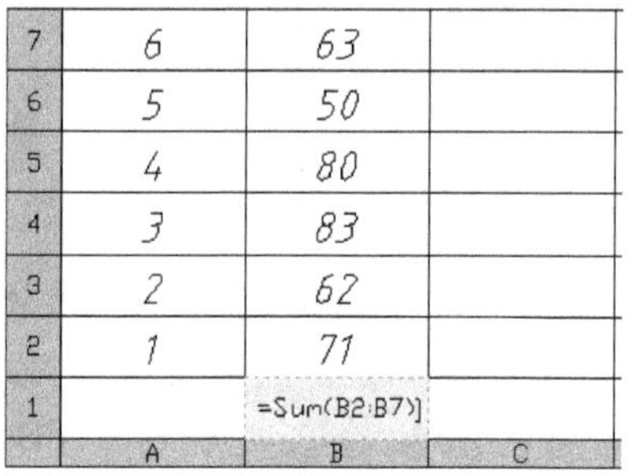

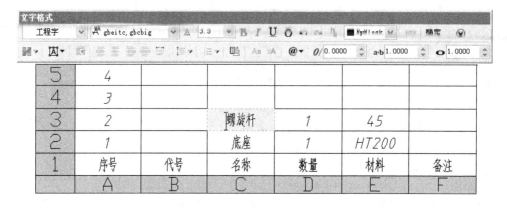

图 6.28　用【插入公式】求和

6.4.3　编辑表格单元中的文字

对于表格单元中的文字，可以用两种方式打开【在位文字编辑器】进行修改：

- 在表格单元内双击鼠标；
- 选定表格单元后，单击鼠标右键，从弹出的菜单中选择【编辑单元文字】命令。

执行命令后打开【在位文字编辑器】，如图 6.29 所示。

图 6.29　利用【在位文字编辑器】编辑表格的文字内容

6.5　使用字段

字段是包含说明的文字，这些说明用于显示可能会在图形生命周期中修改的数据信息，字段更新时，将显示最新的数据。例如，"文件名"字段的值就是文件的名称，如果该文件名修改，字段更新时将显示新的文件名。

6.5.1　插入字段

字段可以插入任意种类的文字（公差除外）中，包括表单元、属性和属性定义中的文字。

激活任意文字命令后,将在快捷菜单上显示【插入字段】。

一些图纸集字段可以作为占位符插入。例如,可以将"图纸编号和标题"作为占位符插入。此后,将布局添加到图纸集时,此占位符字段将显示正确的图纸编号和标题。在块编辑器中进行操作时,可以将块占位符字段用于块属性定义中。

没有值的字段将显示连字符(----)。例如,在【图形特性】对话框中设置的"作者"字段可能为空。无效字段将显示"♯"号(♯♯♯♯)。例如,"当前图纸名"字段仅在图纸空间中有效,将它放置到模型空间中则显示"♯"号。

1. 在文字中插入字段

在文字中插入字段的步骤如下。

(1)双击文字,显示相应的文字编辑对话框。

(2)将光标放在要显示字段文字的位置,然后单击鼠标右键,选择快捷菜单的【插入字段】命令,或使用"Ctrl+F"组合键,弹出【字段】对话框,如图 6.30 所示。

(3)在【字段】对话框的【字段类别】中,选择"全部"或选择一个类别。选定类别中的字段将显示在【字段名称】列表中。

(4)在【字段名称】列表中,选择一个字段。将在【字段类别】右侧的一个着色文本框中显示大部分字段的当前值。将在"样例"列表中显示日期字段的当前值。

(5)选择一种格式和任意其他选项。

例如,如果选择了"命名对象"字段,并选择一种类型(如图层或文字样式)和一个名称(如图层选择 0,或者文字样式选择 Standard),在"字段表达式"中将显示说明字段的表达式。用户无法编辑该字段表达式,但是可以通过查看此部分了解字段的构造方式。

(6)单击【确定】按钮插入字段。

关闭【字段】对话框时,字段将在文字中显示其当前值。

2. 在表格中插入字段

在文字中插入字段的步骤如下。

(1)在表格某一个单元格内双击进行编辑。

(2)将光标放在要显示字段的文字位置,然后单击鼠标右键,选择快捷菜单的【插入字段】命令。

(3)在【字段】对话框中,选择"全部"或选择一个类别。

(4)在【字段名称】列表中,选择一个字段。将在【字段类别】右侧的一个着色文本框中显示该字段的当前值。

(5)选择一种格式和任意其他选项。

(6)单击【确定】按钮,插入字段。

移动到下一个单元格时,该字段将显示其当前值。

3. 使用字段显示对象特性

使用字段显示对象特性的步骤如下。

(1)双击文字对象,显示相应的文字编辑对话框。

(2)将光标放在要显示字段的位置,然后单击鼠标右键,选择【插入字段】命令。

(3)在【字段】对话框的【字段类别】中,选择"全部"。

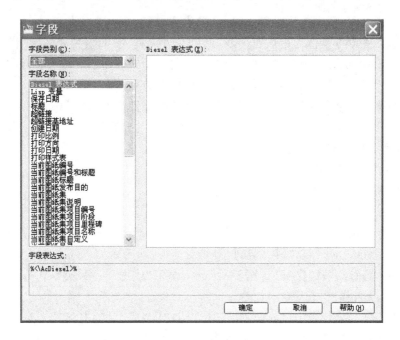

图 6.30 【字段】对话框

(4) 在【字段名称】列表中,选择"对象"。

(5) 在【对象类型】中,单击【选择对象】按钮,并在图形中选择一个对象。

(6) 在【字段】对话框的【特性】中,选择其值要显示在文字中的特性。

(7) 选择一种文字格式。

(8) 单击【确定】按钮,对象特性的当前值将显示在文字中。

6.5.2 更新字段

1. 修改字段外观

字段文字所使用的文字样式与其插入的文字对象所使用的样式相同。默认情况下,字段用不能打印的浅灰色背景显示,如图 6.31 所示。

序号	房间	面积 m^2
1	客厅	34.3056
2	主卧	15.6576
3	次卧	14.2596

图 6.31 表格中的字段值

【字段】对话框中的格式化选项用来控制所显示文字的外观。可用的选项取决于字段的类型。例如,日期字段的格式中包含一些用来显示星期几和时间的选项,而命名对象字段的格式中包含大小写选项。

2. 编辑字段

字段是文本对象的一部分,可以在文字编辑器中编辑字段。编辑字段最简单的方式是双击包含该字段的文本对象,然后双击该字段弹出【字段】对话框。这些操作在快捷菜单上也可用。如果不再希望更新字段,可以通过将字段转换为文字来保留当前显示的值。

编辑字段的步骤如下。

(1) 双击文字对象,显示相应的文字编辑对话框。

(2) 双击要编辑的字段。

(3) 弹出【字段】对话框。

(4) 进行任何所需的更改。

(5) 单击【确定】按钮退出【字段】对话框。

(6) 退出文字编辑器。

3. 更新字段当前值

字段更新时,将显示最新的值。可以单独更新字段,也可以在一个或多个选定文字对象中更新所有字段。更新单个字段的步骤如下。

(1) 双击文字。

(2) 选择要更新的字段并单击鼠标右键,在弹出的菜单中单击【更新字段】命令,如图 6.32 所示。

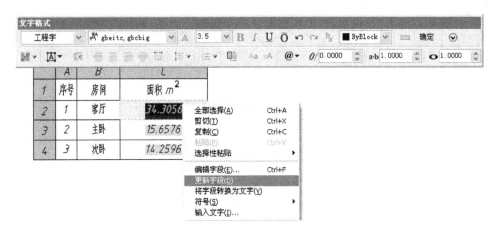

图 6.32 【更新字段】命令

更新多个字段的步骤如下。

(1) 在命令行中,输入"updatefield"。

(2) 出现"选择对象"提示时,选择包含要更新的字段的对象并按 Enter 键。

(3) 选定对象中的所有字段都将被更新。

6.6 上机实训

一、书写如图 6.33 所示的"技术要求"文字。

技术要求

1. 当无标准齿轮时，允许检查下列三项代替检查径向综合公差和一齿径向综合公差。

　　a. 齿圈径向跳动公差 F_r 为 0.056。

　　b. 齿形公差 f_f 为 0.016。

　　c. 基节极限偏差 $\pm f_{pb}$ 为 0.018。

2. 未注倒角 1x45°。

图 6.33　示例文字

操作提示如下。

(1) 设置为国标文字样式,名称为"工程字"。

(2) 利用【多行文字】命令进行书写。"技术要求"字高 5 mm,正文字高 3.5 mm。

(3) 利用右键快捷菜单,输入特殊字符。

二、利用前面所学的表格和文字以及字段知识,创建如图 6.34 所示的变速箱装配明细栏。

操作提示如下。

(1) 设置名称为"明细栏"的表格样式。

(2) 插入一个 14 行 6 列的空表格,并按图示调整行高和列宽。

(3) 按图示输入表格的文字内容和数据。

序号	代号	名称	数量	材料	备注
13	XT-11	端盖	1	HT150	
12	XT-10	定距环	1	Q235A	
11	XT-09	大齿轮	1	40	
10	16X70	键 16X70	1	Q275	GB1095-79
9	XT-08	轴	1	45	
8	XT-07	轴承	2		30208
7	XT-06	端盖	1	HT200	
6	XT-05	轴承	1		30211
5	XT-04	轴	1	45	
4	8X50	键 8X50	1	Q275	GB1095-79
3	XT-03	端盖	1	HT200	
2	XT-02	调整垫片	2	08F	
1	XT-01	减速箱体	1	HT200	

14X7=98

10　40　50　10　40　30

图 6.34　变速箱装配明细栏

本 章 小 结

　　文字和表格是图形文件中必不可少的重要内容,本章讲述了在设计中如何利用 Auto-CAD 2010 提供的文字和表格功能,在图形中正确书写符合要求的文本和插入专业表格。主要包括:文字样式的设置、单行文本书写与编辑、多行文本书写与编辑;表格样式设置、插入表格和编辑表格。在书写文本或填充表格内容时,还可以使用 AutoCAD 提供的字段功能,用于显示在图纸生命周期中可能修改的数据信息。

习　题

　　1. 在【文字样式】管理器中,系统默认的样式名是_____。

A. 默认　　　　　　　　　　　　　　B. 工程

C. 机械　　　　　　　　　　　　　　D. Standard

　　2. 在【文字样式】管理器中,设置文字高度为 0.000,在创建单行文字时,系统默认的文字高度为_____。

A. 0.000　　　　　　　　　　　　　　B. 2.5

C. 3.5　　　　　　　　　　　　　　　D. 上次设置的文字高度

　　3. 多行文字分解后会是_____。

A. 单行文字　　　　　　　　　　　　B. 多行文字

C. 多个文字　　　　　　　　　　　　D. 系统提示不可以分解

　　4. 如果表格样式将表格方向设置为由下而上读取,则插入点位于_____。

A. 表格的左上角　　　　　　　　　　B. 表格的右上角

C. 表格的左下角　　　　　　　　　　D. 表格的右下角

　　5. 在定义表格行高时,带有标题行和表格头行的表格样式最少应有_____行。

A. 1　　　　　　　　　　　　　　　　B. 2

C. 3　　　　　　　　　　　　　　　　D. 4

第7章　尺寸标注

教学目标

- 掌握创建与设置标注样式的方法
- 掌握各种尺寸的标注及编辑方法
- 快速准确地标注图形尺寸

尺寸是零件制造、检验以及装配的重要依据。图形只能表达机件的形状和结构,机件的真实大小,以及各部分之间的相对位置只能通过标注的尺寸确定,因此,尺寸标注是工程设计中不可缺少的重要工作。

7.1　尺寸标注的组成及类型

7.1.1　尺寸标注的组成

在工程制图中,一个完整的尺寸标注应由尺寸界线、尺寸数字、尺寸线、尺寸线的终端符号等组成,如图 7.1 所示。

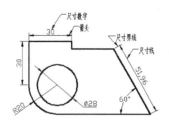

图 7.1　尺寸标注的组成

(1) 尺寸数字:用于表明图形的实际测量值。标注的文字可以只反映基本尺寸数字,也可以带尺寸公差。标注文字应按标准字体书写,同一张图纸上的字高要一致;在图中遇到图线时,须将图线断开;当图线断开影响图形表达时,需调整尺寸标注的位置。

(2) 尺寸线:用于表明标注的范围。AutoCAD 通常将尺寸线放置在测量区域中。如果空间不足,则将尺寸线或文字移到测量区域的外部,这取决于标注样式的放置规则。尺寸线一般是一条带有双箭头的线段,分为两段,可以分别控制它们的显示。对于角度标注,尺寸线是一段圆弧。

(3) 尺寸线的端点符号(箭头):箭头显示在尺寸线的末端,用于指出测量的开始和结束位置。AutoCAD 默认使用闭合的填充箭头符号。此外,AutoCAD 还提供了多种箭头符号,以满足不同的行业需要,如建筑标记、小斜线箭头、点和斜杠等。

(4) 尺寸界线:从标注起点引出的标明标注范围的直线,可以从图形的轮廓线、轴线、对称中心线引出,同时,轮廓线、轴线及对称中心线也可以作为尺寸界线。

尺寸线、尺寸界线都应使用细实线绘制。

7.1.2 尺寸标注类型

AutoCAD 2010 提供了十余种标注工具用以标注图形对象,这十余种工具位于标注菜单下或标注工具栏中,使用它们可以进行角度、直径、半径、线性、对齐、连续、圆心及基线等标注,如图 7.2 所示。这些标注工具的功能如表 7.1 所示。

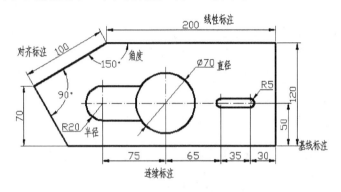

图 7.2 标注类型

表 7.1 AutoCAD 标注命令功能

菜 单	工具按钮	命 令	说 明
快速标注		QDIM	通过一次选择多个对象,创建标注阵列,如基线、连续和坐标标注
线性		DIMLINEAR	测量两点间的直线距离,创建水平、垂直或旋转线性标注
对齐		DIMALIGNED	测量对象的真实长度值,创建尺寸线平行于尺寸界线原点的线性标注
坐标		DIMORDINATE	创建坐标点标注,显示从给定原点测量出来的点的 X 或 Y 坐标
半径		DIMRADIUS	测量圆或圆弧的半径
直径		DIMDIAMETER	测量圆或圆弧的直径
角度		DIMANGULAR	测量角度
基线		DIMBASELINE	从上一个或选定标注的基线做连续的线性、角度或坐标标注,都从相同原点测量尺寸
连续		DIMCONTINUE	从上一个或选定标注的第 2 条尺寸界线作连续的线性、角度或坐标标注
多重引线		QLEADER	创建注释和引线,标识文字和相关的对象
公差		TOLERANCE	创建形位公差
圆心标记		DIMCENTER	创建圆或圆弧的圆心标记或中心线

7.2　创建与设置标注样式

在 AutoCAD 中,使用标注样式管理器可以控制标注的格式和外观,建立和执行图形的标注标准,并有利于对标注格式及用途进行修改。

7.2.1　创建标注样式

执行创建标注样式命令有下列几种方式。

- 菜单:【格式】|【标注样式】或【标注】|【标注样式】。
- 工具栏:单击【样式】工具栏或【标注】工具栏中的 按钮。
- 命令行:输入"dimstyle"或"d"并按回车键。

执行命令后,打开【标注样式管理器】对话框,如图 7.3 所示。

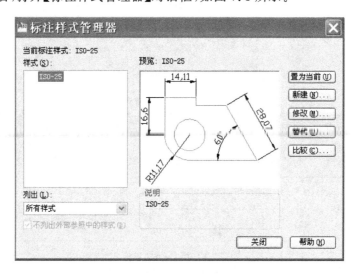

图 7.3　【标注样式管理器】对话框

在【标注样式管理器】对话框中,单击【新建】按钮,打开【创建新标注样式】对话框,如图7.4 所示,可以创建新标注样式,该对话框包括以下内容。

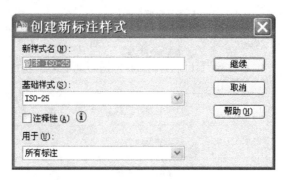

图 7.4　【创建新标注样式】对话框

- 【新样式名】文本框:用于输入新样式的名称。
- 【基础样式】下拉列表框:用于选择一种基础样式,新样式将在该基础样式上进行修改。
- 【用于】下拉列表框:用于指定新建标注样式的适用范围,可以是所有标注、线性标注、角度标注、半径标注、直径标注、坐标标注、引线和公差等。

设置了新样式的名称、基础样式和适用范围后,单击对话框中的【继续】按钮,将打开【新建标注样式】对话框,其中包括 7 个选项卡:【线】、【符号和箭头】、【文字】、【调整】、【主单位】、【换算单位】和【公差】。

7.2.2　设置线

打开【新建标注样式】对话框,如图 7.5 所示。

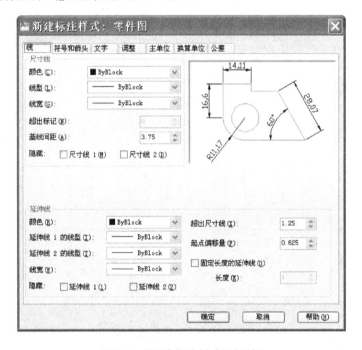

图 7.5　【新建标注样式】对话框

使用【线】选项卡,可以设置尺寸线、延伸线(尺寸界线)的有关特性等。

1.【尺寸线】

在【尺寸线】选项区中,可以设置尺寸线的颜色、线型、线宽、超出标记以及基线间距等属性。

(1)【颜色】下拉列表框:用于设置尺寸线的颜色,默认情况下,尺寸线的颜色随块,也可以使用变量 DIMCLRD 设置。

(2)【线型】下拉列表框:用于设置尺寸界线的线型,该选项没有对应的变量。

(3)【线宽】下拉列表框:用于设置尺寸线的宽度,默认情况下,尺寸线的线宽随块,也可以使用变量 DIMLWD 设置。

(4)【超出标记】微调框:当尺寸线的箭头采用倾斜、建筑标记、小点、积分或无标记等样式时,使用该文本框可以设置尺寸线超出尺寸界线的长度,也可以使用系统变量 DIMDLE

设置,如图 7.6 所示。

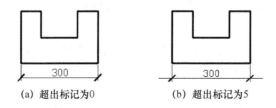

(a) 超出标记为0   (b) 超出标记为5

图 7.6 超出标记为 0 与为 5 时的效果对比

(5)【基线间距】文本框:进行基线尺寸标注时,可以设置各尺寸线之间的距离,也可以用变量 DIMDLL 设置,如图 7.7 所示,基线间距分别为 3.75 和 5。

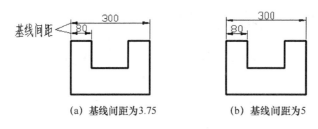

(a) 基线间距为3.75   (b) 基线间距为5

图 7.7 设置基线间距

(6)【隐藏】选项区:通过选择【尺寸线 1】或【尺寸线 2】复选框,可以隐藏第 1 段或第 2 段尺寸线及其相应的箭头,也可以使用变量 DIMSD1 和 DIMSD2 设置,如图 7.8 所示。

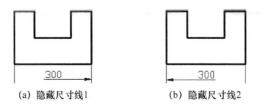

(a) 隐藏尺寸线1   (b) 隐藏尺寸线2

图 7.8 隐藏尺寸线效果

2.【延伸线】

在【延伸线】选项区中,可以设置延伸线(尺寸界线)的颜色、线宽、超出尺寸线的长度和起点偏移量,以及隐藏控制等属性。

(1)【颜色】下拉列表框:用于设置延伸线的颜色,也可以用变量 DIMCLRE 设置。

(2)【线宽】下拉列表框:用于设置延伸线的宽度,也可以用变量 DIMLWE 设置。

(3)【延伸线 1】和【延伸线 2】下拉列表框:用于设置延伸线的线型。

(4)【超出尺寸线】文本框:用于设置延伸线超出尺寸线的距离,也可以用变量 DIMEXE 设置,如图 7.9 所示。

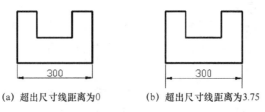

(a) 超出尺寸线距离为0   (b) 超出尺寸线距离为3.75

图 7.9 超出尺寸线距离为 0 与为 3.75 时的效果

（5）【起点偏移量】文本框：用于设置延伸线的起点与标注定义点的距离，也可以用变量 DIMEXO 控制，如图 7.10 所示。

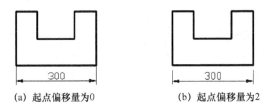

(a) 起点偏移量为0　　　　　(b) 起点偏移量为2

图 7.10　起点偏移量为 0 与为 2 时的效果

（6）【隐藏】选项区：通过选择【延伸线 1】或【延伸线 2】复选框，可以隐藏延伸线，也可以用变量 DIMSE1 和 DIMSE2 设置，如图 7.11 所示。

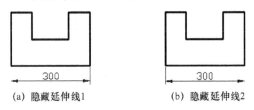

(a) 隐藏延伸线1　　　　　(b) 隐藏延伸线2

图 7.11　隐藏延伸线

（7）【固定长度的延伸线】复选框：选中后，在【长度】文本框中输入数值，可以使用指定长度的延伸线标注。

7.2.3　设置【符号和箭头】

在【符号和箭头】选项区中，可以设置尺寸线和引线箭头的类型及大小、圆心标记、弧长符号和半径标注折弯的格式与位置等，如图 7.12 所示。通常情况下，尺寸线的两个箭头应一致。

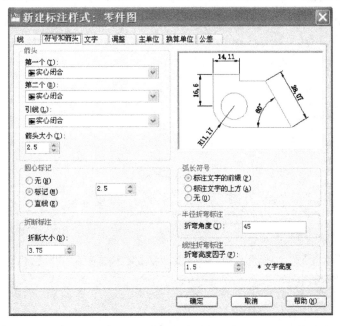

图 7.12　【符号和箭头】选项卡

131

1.【箭头】

为了适用于不同类型的图形标注需要,AutoCAD 2010 设置了 20 多种箭头样式,可以从对应的下拉列表框中选择箭头,并在【箭头大小】文本框中或用变量 DIMASZ 设置它们的大小。用户也可以在下拉列表框中选择【用户箭头】选项,打开【选择自定义箭头块】对话框,从【图形块中选择】文本框内输入当前图形中已有的块名,然后单击【确定】按钮,AutoCAD 将以该块作为尺寸线的箭头样式,此时块的插入基点与尺寸线的端点重合。

2.【圆心标记】

通过选项或使用变量 DIMCEN,设置圆或圆弧的圆心标记的类型和大小,如【标记】、【直线】和【无】。其中,选择【标记】选项,对圆或圆弧绘制圆心标记;选择【直线】选项,对圆或圆弧绘制中心线;选择【无】选项,则没有任何标记。如图 7.13 所示。

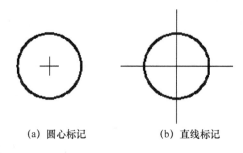

  (a) 圆心标记   (b) 直线标记

图 7.13 圆心标记类型

3.【弧长符号】

【弧长符号】选项区域用于设置弧长符号的显示位置,包括【标注文字的前缀】、【标注文字的上方】和【无】3 种方式,如图 7.14 所示。

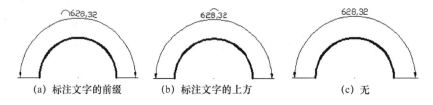

  (a) 标注文字的前缀   (b) 标注文字的上方   (c) 无

图 7.14 设置弧长符号的位置

4.【半径标注折弯】

在【半径标注折弯】选项区域的"折弯角度"文本框中,可以设置标注圆弧半径时的标注线的折弯角度大小。

5.【折断标注】

在【折断标注】选项区域的【折断大小】文本框中,可以设置标注打断时标注线的长度大小。

6.【线性折弯标注】

在【线性折弯标注】选项区域的【折弯高度因子】文本框中,可以设置折弯线的高度大小。

7.2.4 设置【文字】

在【新建标注样式】对话框中,使用【文字】选项卡,可以设置标注文字的外观、位置和对齐方式等,如图 7.15 所示。

图 7.15　【文字】选项卡

1.【文字外观】

在【文字外观】选项区中,可以设置文字的样式、颜色、填充颜色、高度和分数高度比例,以及控制是否绘制文字边框。

(1)【文字样式】下拉列表框:用于选择标注的文字样式。也可以单击其后的按钮,打开【文字样式】对话框,选择【文字样式】或【新建文字样式】。还可以用变量 DIMTXSTY 设置。

(2)【文字颜色】下拉列表框:用于设置标注文字的颜色,也可以用变量 DIMCLRT 设置。

(3)【填充颜色】下拉列表框:用于设置标注文字的背景色。

(4)【文字高度】文本框:用于设置标注文字的高度,也可以用变量 DIMTXT 设置。

(5)【分数高度比例】文本框:用于设置标注文字中的分数相对于其他标注文字的比例,AutoCAD 将该比例值与标注文字高度的乘积作为分数的高度。

(6)【绘制文本边框】复选框:用于设置是否给标注文字加边框,如图 7.16 所示。

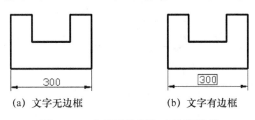

(a)　文字无边框　　　　　　(b)　文字有边框

图 7.16　文字无边框与有边框效果

2.【文字位置】

在【文字位置】选项区中,可以设置文字的垂直、水平位置以及距尺寸线的偏移量。

(1)【垂直】下拉列表框:用于设置标注文字相对于尺寸线在垂直方向的位置,如居中、上、下、外部和 JIS。其中,选择居中选项,可以把标注文字放在尺寸线中间;选择上下选项,将把标注文字放在尺寸线的上下方;选择外部选项,可以把标注文字放在远离第一定义点的尺寸线一侧;选择 JIS 选项,则按 JIS 规则放置标注文字。如图 7.17 所示。用户也可以使用变量 DIMTAD 设置,其值分别为 0、1、2、3、4。

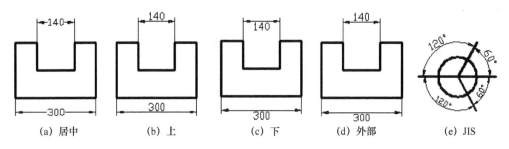

(a) 居中　　　　(b) 上　　　　(c) 下　　　　(d) 外部　　　　(e) JIS

图 7.17　文字垂直位置的 5 种形式

(2)【水平】下拉列表框:用于设置标注文字相对于尺寸线和延伸线在水平方向的位置,如置中、第一条延伸线、第二条延伸线、第一条延伸线上方、第二条延伸线上方等,如图 7.18 所示。也可以用变量 DIMJUST 设置,对应值分别为 0、1、2、3、4。

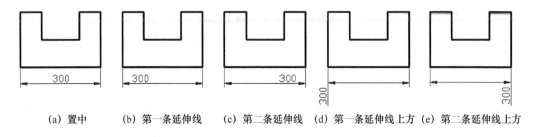

(a) 置中　　(b) 第一条延伸线　　(c) 第二条延伸线　　(d) 第一条延伸线上方 (e) 第二条延伸线上方

图 7.18　文字水平位置的 5 种形式

(3)【从尺寸线偏移】文本框:用于设置标注文字与尺寸线之间的距离。如果标注文字位于尺寸线的中间,则表示断开处尺寸线端点与尺寸文字的间距。若标注文字带有边框,则可以控制文字边框与其中文字的距离。

3.【文字对齐】

在【文字对齐】选项区中,可以设置标注文字是保持水平还是与尺寸线平行,如图 7.19 所示。

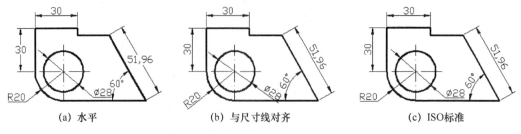

(a) 水平　　　　　(b) 与尺寸线对齐　　　　　(c) ISO标准

图 7.19　文字对齐方式

（1）【水平】：选中该单选按钮时,标注文字水平放置。

（2）【与尺寸线对齐】：选中该单选按钮,标注文字方向与尺寸线方向一致。

（3）【ISO 标准】：选中该单选按钮,标注文字按 ISO 标准放置,当标注文字在延伸线之内时,它的方向与尺寸线方向一致,而在延伸线之外时将水平放置。

7.2.5 设置【调整】

在【新建标注样式】对话框中,使用【调整】选项卡可以设置标注文字、尺寸线、尺寸箭头的位置,如图 7.20 所示。

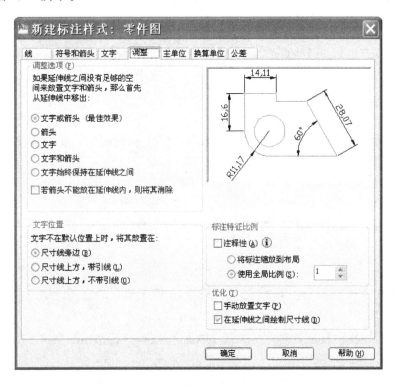

图 7.20 【调整】选项卡

1. 【调整选项】

在【调整选项】选项区中,可以确定当尺寸界线之间没有足够的空间同时放置标注文字和箭头时,应首先从尺寸界线之间移出的对象,如图 7.21 所示。

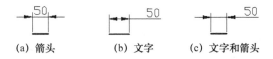

（a）箭头　　　　（b）文字　　　（c）文字和箭头

图 7.21 标注文字和箭头在尺寸界线间的放置

- 【文字或箭头（最佳效果）】：由 AutoCAD 按最佳效果自动移出文字或箭头。
- 【箭头】：首先将箭头移出。
- 【文字】：首先将文字移出。

- 【文字和箭头】:将文字和箭头都移出。
- 【文字始终保持在延伸线之间】:文本始终保持在尺寸界限之内。
- 【若箭头不能放在延伸线内,则将其消除】:选择该复选框,可以抑制箭头显示。

2. 【文字位置】

在【文字位置】选项区中,可以设置当文字不在默认位置时的位置,如图 7.22 所示。

(a) 尺寸线旁边　　　(b) 尺寸线上方,带引线　　　(c) 尺寸线上方,不带引线

图 7.22　标注文字的位置

- 【尺寸线旁边】:选择该单选按钮,可以将文本放在尺寸线旁边。
- 【尺寸线上方,带引线】:可以将文本放在尺寸线上方,并加上引线。
- 【尺寸线上方,不带引线】:可以将文本放在尺寸的上方,但不加引线。

3. 【标注特征比例】

在【标注特征比例】选项区中,可以设置标注尺寸的特征比例,以便通过设置全局比例因子来增加或减少各标注的大小,如图 7.23 所示。

(a) 全局比例为 5　　　(b) 全局比例为 10

图 7.23　设置全局比例为 5 和 10 的对比

- 【将标注缩放到布局】:根据当前模型空间视口与图纸空间之间的缩放关系设置比例。
- 【使用全局比例】:设置全部标注尺寸的显示比例,该比例不改变尺寸的测量值。

4. 【优化】

在【优化】选项区中,可以对标注文本和尺寸线进行细微调整,该选项区包括以下两个复选框。

- 【手动放置文字】:选中该复选框,则忽略标注文字的水平设置,在标注时将标注文字放置在指定的位置。
- 【在延伸线之间绘制尺寸线】:选中该复选框,当尺寸箭头放置在延伸线之外时,也在延伸线之内绘制出尺寸线。

7.2.6　设置【主单位】

在【新建标注样式】对话框中,使用【主单位】选项卡可以设置主单位的格式与精度等属性,如图 7.24 所示。

1. 线性标注

在【线性标注】选项区中,可以设置线性标注的单位格式与精度。

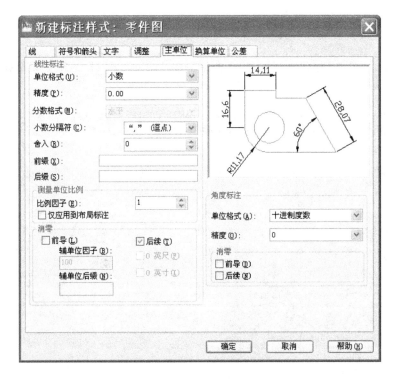

图 7.24 【主单位】选项卡

(1)【单位格式】下拉列表框:用于设置除角度标注之外,其余各标注类型的尺寸单位,包括科学、小数、工程、建筑、分数及桌面等选项。

(2)【精度】下拉列表框:用于设置除角度标注之外的其他标注的尺寸精度。

(3)【分数格式】下拉列表框:当单位格式是分数时,可以设置分数的格式,包括水平、对角和非堆叠 3 种方式。

(4)【小数分隔符】下拉列表框:用于设置小数的分隔符,包括逗点、句点和空格 3 种方式。

(5)【舍入】文本框:用于设置除角度标注外的尺寸测量值的舍入值。

(6)【前缀】和【后缀】文本框:用于设置标注文字的前缀和后缀,用户在相应的文本框中输入字符即可。

(7)【测量单位比例】选项区:使用【比例因子】文本框可以设置测量尺寸的缩放比例,AutoCAD 的实际标注值为测量值与该比例的积;选择【仅应用到布局标注】复选框,可以设置该比例关系是否仅适用于布局。

(8)【消零】选项区:可以设置是否显示尺寸标注中的前导零和后续零,以及零英尺和零英寸。

2.【角度标注】

(1)【单位格式】下拉列表框:设置标注角度时的单位。

(2)【精度】下拉列表框:设置标注角度的尺寸精度。

(3)【消零】选项区:设置是否消除角度尺寸的前导和后续零。

7.2.7 设置【换算单位】

在【修改标注样式】对话框中，使用【换算单位】选项卡可以设置换算单位的格式，如图 7.25 所示。

图 7.25 【换算单位】选项卡

在 AutoCAD 中，通过换算标注单位，可以转换使用不同测量单位制的标注，通常是显示英制标注的等效公制标注，或公制标注的等效英制标注。在标注文字中，换算标注单位显示在主单位旁边的方括号中，如图 7.26 所示。

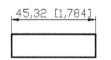

图 7.26 使用换算单位

选择【显示换算单位】复选框，这时对话框的其他选项才可用，即可以在【换算单位】选项区中设置换算单位的单位格式、精度、换算单位、舍入精度、前缀及后缀等，方法与设置主单位的方法相同。

在【位置】选项区中，可以设置换算单位的位置，包括【主值后】和【主值下】两种方式。

7.2.8 设置【公差】

在【新建标注样式】对话框中，使用【公差】选项卡用于设置是否标注公差，以及以何种方式进行标注，如图 7.27 所示。

- 【方式】下拉列表框：确定以何种方式标注公差，包括无、对称、极限偏差、极限尺寸和基本尺寸选项，如图 7.28 所示。

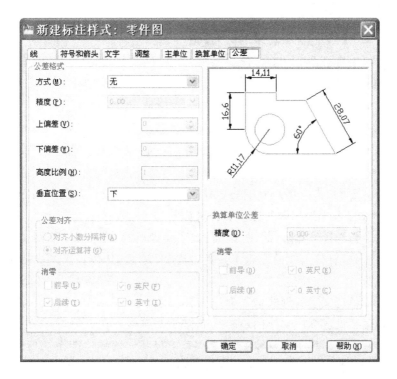

图 7.27　【公差】选项卡

图 7.28　公差标注

- 【精度】:用于设置尺寸公差的精度。
- 【上偏差】、【下偏差】:用于设置尺寸的上偏差、下偏差。
- 【高度比例】:用于确定公差文字的高度比例因子。确定后,AutoCAD 将该比例因子与尺寸文字高度之积作为公差文字的高度。
- 【垂直位置】:用于控制公差文字相对于尺寸文字的位置,包括下、中和上 3 种方式。
- 【消零】:用于设置是否消除公差值的前导或后续零。
- 【换算单位公差】:当标注换算单位时,可以设置换算单位的精度和是否消零。

7.3　标注长度型尺寸

7.3.1　线性标注

执行【线性标注】命令,可创建用于标注用户坐标系 XY 平面中的两个点之间的距离测量值,并通过指定点或选择一个对象来实现。执行【线性标注】命令有下列 3 种方式。

- 菜单:【标注】|【线性】。
- 工具栏:单击【标注】工具栏中的 ┣━┫ 按钮。
- 命令行:输入"dimlinear"并按回车键。

命令行将提示如下信息:

指定第一条延伸线原点或＜选择对象＞: 指定第一条延伸线的起点

指定第二条延伸线原点: 指定第二条延伸线起点

指定尺寸线位置或[多行文字(M)/文字(T)/角度(A)/水平(H)/垂直(V)/旋转(R)]:

标注文字 =

默认情况下,当用户指定了尺寸线的位置后,系统将按自动测量出的两个延伸线起始点间的相应距离标注出尺寸。其中各选项的含义如下。

- 【多行文字】:选择该选项,将进入多行文字编辑模式,用户可以使用文字格式工具栏和文字输入窗口输入并设置标注文字。其中,文字输入窗口中的尖括号表示系统测量值。
- 【文字】:以单行文字的形式输入标注文字。
- 【角度】:用于设置标注文字的旋转角度。
- 【水平】和【垂直】:用于标注水平尺寸和垂直尺寸。选择这两个选项时,将提示用户可以直接确定尺寸线的位置,也可以选择其他选项来指定标注的文字内容或者标注文字的旋转角度。
- 【旋转】:用于放置旋转标注对象的尺寸线。

如果在命令行提示下直接按回车键,系统要求用户选择要标注尺寸的对象。当选择对象以后,AutoCAD 将该对象的两个端点作为两条延伸线的起点,用户可以使用前面介绍的方法标注对象。当两延伸线的起点不位于同一水平线和同一垂直线上时,可以通过拖动光标的方向来确定是创建水平标注还是垂直标注。使光标位于两延伸线的起始点之间,上下拖动鼠标,可引出水平尺寸线;使光标位于两延伸线的起始点之间,左右拖动光标,可以引出垂直尺寸线。

7.3.2　对齐标注

对齐标注命令执行方法如下。

- 菜单:【标注】|【对齐】。
- 工具栏:单击【标注】工具栏中的 ↖ 按钮。
- 命令行:输入"dimaligned"并按回车键。

命令执行后,可以对对象进行对齐标注,此时命令行提示:

指定第一条延伸线原点或＜选择对象＞:

指定第二条延伸线原点:

指定尺寸线位置或[多行文字(M)/文字(T)/角度(A)]:

标注文字 =

由此可见,对齐标注是线性标注尺寸的一种特殊形式,在对直线段进行标注时,如果不知道该直线的倾斜角度,那么使用线性标注方法就无法得到准确的结果,这时就可以使用对齐标注了。

例如,标注如图 7.29 所示的线性和对齐标注尺寸,操作步骤如下。

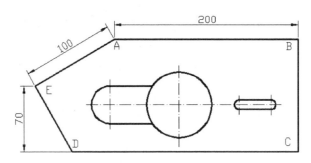

图 7.29　线性标注和对齐标注

(1) 执行【标注】|【线性】命令,或在【标注】工具栏中单击【线性标注】按钮。

(2) 在状态栏上单击【捕捉】按钮,打开对象捕捉模式。

(3) 在图中捕捉点 A,指定第一条延伸线的原点。

(4) 在图中捕捉点 B,指定第二条延伸线的原点。

(5) 在命令提示行输入"H",创建水平标注,然后拖动光标,确定尺寸线的位置。

(6) 重复上述步骤,捕捉点 E 和点 D,并在命令提示行输入"V",创建垂直标注,然后拖动鼠标,确定尺寸线的位置。

(7) 执行【标注】|【对齐】命令。

(8) 捕捉 A 点和 E 点,然后拖动鼠标,确定尺寸线的位置,完成标注。

7.3.3　连续标注

执行连续标注命令,可以创建一系列端对端放置的标注,每个连续标注都从前一个标注的第二条延伸线处开始。

连续标注命令执行方法如下。

- 菜单:【标注】|【连续】。
- 工具栏:单击【标注】工具栏中的 ┥┝┥ 按钮。
- 命令行:输入"dimcontinue"并按回车键。

在进行连续标注之前,必须先创建(或选择)一个线性、坐标或角度标注作为基准标注,以确定连续标注所需要的前一尺寸标注的延伸线,然后执行命令,此时命令行提示:

指定第二条延伸线原点或［放弃(U)/选择(S)］＜选择＞:

标注文字 ＝

指定第二条延伸线原点或［放弃(U)/选择(S)］＜选择＞:

在此提示下,确定下一个尺寸的第二条延伸线的起始点,AutoCAD 按连续标注方式标注出尺寸,即把上一个或所选标注的第二条延伸线作为新尺寸标注的第一条延伸线标注尺寸。当标注出全部尺寸后,按回车键即可结束该命令。

7.3.4 基线标注

执行基线标注命令,可以创建一系列由相同的标注原点测量出来的标注。与连续标注一样,在进行基线标注之前,也必须先创建(或选择)一个线性、坐标或角度标注作为基准标注,AutoCAD 将从基准标注的第一条延伸线处测量基线标注。基线标注命令执行方法如下。

- 菜单:【标注】|【基线】。
- 工具栏:单击【标注】工具栏中的 ⊢┤ 按钮。
- 命令行:输入"dimbaseline"并按回车键。

执行命令后,命令行将提示如下信息:

指定第二条延伸线原点或 ［放弃(U)/选择(S)］＜选择＞:

标注文字 ＝

指定第二条延伸线原点或 ［放弃(U)/选择(S)］＜选择＞:

用户可以直接确定下一个尺寸的第二条延伸线的起始点,AutoCAD 将按基线标注方式标注出尺寸,直到按回车键结束命令为止。

例如,标注如图 7.30 所示的连续标注和基线标注,步骤如下。

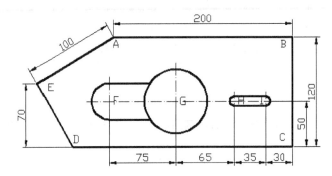

图 7.30 连续标注和基线标注

(1) 执行【标注】|【线性】命令,创建点 F 和圆心 G 之间的水平线性标注。

(2) 执行【标注】|【连续】命令,系统将以最后一次创建的尺寸标注 FG 的点 G 作为基点。

(3) 依次在图样中单击点 H、I、C,指定连续标注延伸线的原点,最后按回车键。

(4) 执行【尺寸】|【线性】命令,创建点 C 与圆心 I 之间的垂直线性标注。

(5) 执行【尺寸】|【基线】命令,系统以最后一次创建的尺寸标注 CI 的原点 C 作为基点。

(6) 在图中单击点 B,指定第二条延伸线的原点,然后按回车键,完成标注。

7.4 标注角度、直径和半径

7.4.1 角度标注

执行角度标注命令,可以测量圆和圆弧的角度、两条直线间的角度,或者三点间的角度。如图 7.31 所示。角度标注命令执行方法如下。

- 菜单:【标注】|【角度】。
- 工具栏:单击【标注】工具栏中的 按钮。
- 命令行:输入"dimangular"并按回车键。

在标注角度时,其命令行将提示如下信息:

选择圆弧、圆、直线或 ＜指定顶点＞:

选择第二条直线:

指定标注弧线位置或［多行文字(M)/文字(T)/角度(A)］:

标注文字 =

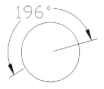 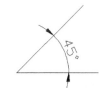 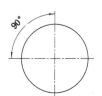

(a) 标注圆角度　　　　(b) 标注不平行线间角度　　　(c) 标注3个点间角度

图 7.31　角度标注方式

(1) 标注圆弧角度:当选择【圆弧】时,命令行显示:

指定标注弧线位置或［多行文字(M)/文字(T)/角度(A)］:

此时,如果直接确定标注弧线的位置,AutoCAD 会按实际测量值标注出角度。也可以通过【多行文字】、【文字】以及【角度】选项设置尺寸文字和它的旋转角度。

(2) 标注圆角度:当选择【圆】时,命令行显示:

指定角的第二个端点:

要求用户确定另一点作为角度的第 2 个端点,该点可以在圆上,也可以不在圆上,然后再确定标注弧线的位置。这时,标注的角度将以圆心为角度的顶点,以通过所选择两个点为尺寸界线(或延伸线)。如图 7.31(a)所示。

(3) 标注两条不平行直线之间的夹角:此时需要选择这两条直线,然后确定标注弧线的位置,AutoCAD 将自动标注出这两条直线的夹角。如图 7.31(b)所示。

(4) 根据 3 个点标注角度:这时首先需要确定角的顶点,然后分别指定角的两个端点,最后指定标注弧线的位置。如图 7.31(c)所示。

当通过【多行文字】或【文字】选项重新确定尺寸文字时,只有给新输入的尺寸文字加后缀"％％D",才能使标注出的角度值有"°"符号,否则没有该符号。

例如，标注图 7.32 中的角度，步骤如下。

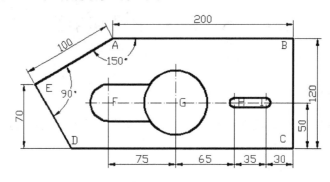

图 7.32　标注角度

(1) 执行【标注】|【角度】命令。

(2) 单击直线 *AB* 和 *AE*，确定角度的两条尺寸界线，然后拖动鼠标，确定标注位置。

(3) 使用同样的方法，标注直线 *AE* 和直线 *ED* 之间的角度，结果如图 7.32 所示。

7.4.2　半径标注

执行半径标注命令，可以标注圆和圆弧的半径。半径标注命令执行方法如下。

- 菜单：【标注】|【半径】。
- 工具栏：单击【标注】工具栏中的 ⊙ 按钮。
- 命令行：输入"dimradius"并按回车键。

执行该命令时，命令行提示如下信息：

选择圆弧或圆：

标注文字 =

指定尺寸线位置或［多行文字(M)/文字(T)/角度(A)］：

指定尺寸线的位置后，系统将按实际测量值标注出圆或圆弧的半径。用户也可以利用【多行文字】、【文字】以及【角度】选项确定尺寸文字和尺寸文字的旋转角度，其中，当通过【多行文字】或【文字】选项重新确定尺寸文字时，只有给输入的尺寸文字加前缀"R"，才能使标出的半径尺寸有该符号，否则没有此符号。

7.4.3　直径标注

执行直径标注命令，可以标注圆和圆弧的直径。直径标注命令执行方法如下。

- 菜单：【标注】|【直径】。
- 工具栏：单击【标注】工具栏中的 ⊙ 按钮。
- 命令行：输入"dimdiameter"并按回车键。

执行该命令时，命令行将提示如下信息：

选择圆弧或圆：

标注文字 =

指定尺寸线位置或［多行文字(M)/文字(T)/角度(A)］：

直径标注的方法与半径标注的方法相同。当选择了需要标注直径的圆或圆弧后,直接确定尺寸线的位置,系统将按实际测量值标注出圆或圆弧的直径。并且,在通过【多行文字】或【文字】选项重新确定尺寸文字时,需要在尺寸文字前加前缀"％％C",才能使标出的直径尺寸有直径符号"Φ"。

7.5 多重引线标注和坐标标注

7.5.1 多重引线标注

引线和注释有多种格式,创建引线和注释可以使用以下方法。

- 菜单:【标注】|【多重引线】。
- 工具栏:单击【多重引线】工具栏中的按钮。
- 命令行:输入"mleader"并按回车键。

【多重引线】工具栏如图7.33所示。

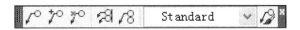

图7.33 【多重引线】工具栏

执行命令后,命令行提示:

命令:_mleader

指定引线箭头的位置或[引线基线优先(L)/内容优先(C)/选项(O)]<选项>: 在图中确定引线箭头的位置。

指定引线基线的位置: 确定引线基线的位置后,打开多行文字输入窗口,输入注释内容即可。

单击【多重引线】工具栏中的各按钮,可以实现添加引线、删除引线、多重引线对齐、多重引线合并等功能。单击【多重引线】工具栏中的按钮,打开【多重引线样式管理器】,如图7.34所示,可以新建多重引线的样式。

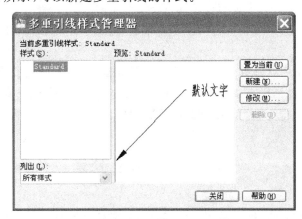

图7.34 【多重引线样式管理器】对话框

创建新的多重引线样式名称后,将打开【修改多重引线样式】对话框,如图 7.35 所示,其中设有【引线格式】、【引线结构】、【内容】三个选项卡,设置完成后单击【确定】按钮即可。

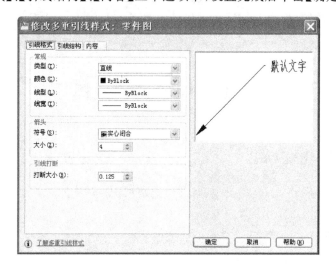

图 7.35 【修改多重引线样式】对话框

7.5.2 坐标标注

坐标标注命令执行方法如下。

- 菜单:【标注】|【坐标】。
- 工具栏:单击【标注】工具栏中的 按钮。
- 命令行:输入"dimordinate"并按回车键。

执行命令后,可以标注相对于用户坐标原点的坐标,此时命令行提示如下信息:

指定点坐标:

指定引线端点或 [X 基准(X)/Y 基准(Y)/多行文字(M)/文字(T)/角度(A)]:

标注文字 =

在该提示下确定要标注坐标尺寸的点,指定引线的端点位置后,系统将在该点标注出指定点坐标。

在指定引线端点提示下确定引线的端点位置之前,应首先确定标注点的 X 或 Y 坐标。如果在此提示下相对于标注点上下移动光标,将标注点的 X 坐标;若相对于标注点左右移动光标,则标注点的 Y 坐标。

此外,在命令提示中,【基准(X)】、【基准(Y)】选项分别用来标注指定点的(X,Y)坐标;多行文字选项用于通过当前文本输入窗口输入标注的内容;文字选项直接要求用户输入标注的内容;角度选项则用于确定标注内容的旋转角度。

7.6 标注形位公差

形位公差在机械制图中极为重要:一方面,如果不控制形位公差,配件就不能正确装配;

另一方面，过度严格的形位公差又会由于额外的制造费用而造成浪费。在大多数的建筑图形中，几乎不存在形位公差。

7.6.1　形位公差的符号表示

在 AutoCAD 中，通过特征控制框来显示形位公差信息，如图形的形状、轮廓、方向、位置和跳动的偏差等，公差符号的意义如表 7.2 所示。

表 7.2　公差符号

符号	含　义	符号	含　义
⌭	圆柱度	◎	同心同轴度
▱	平面度	⌯	对称度
○	圆度	//	平行度
—	直线度	⊥	垂直度
⌓	面轮廓度	∠	倾斜度
⌒	线轮廓度	Ⓜ	最大包容条件
↗	圆跳动	Ⓛ	最小包容条件
⌰	全跳动	Ⓢ	不考虑特征尺寸
⌖	位置度	Ⓟ	延伸公差

在形位公差中，特征控制框至少包含几何特征符号和公差值两部分，意义如下。

- 几何特征：用于表明位置、同心度或同轴度、对称度、平行度、垂直度、倾斜度、圆柱度、平面度、圆度、直线度、面轮廓度、线轮廓度等。
- 直径：用于指定一个图形的公差带，并放于公差值前。
- 公差值：用于指定特征的整体公差的数值。
- 包容条件：用于大小可变的几何特征，有Ⓜ、Ⓛ、Ⓢ和空白 4 个选择。其中，Ⓜ表示最大包容条件，几何特征包含规定极限尺寸内的最大包容量，在Ⓜ中，孔应具有最小直径，而轴应具有最大直径；Ⓛ表示最小包容条件，几何特征包含规定极限尺寸内的最小包容量，在Ⓛ中，孔应具有最大直径，而轴应具有最小直径；Ⓢ表示不考虑特征尺寸，这时几何特征可以是规定极限尺寸内的任意大小。
- 基准：特征控制框中的公差值，最多可跟随三个可选的基准参照字母及其修饰符号。基准是用来测量和验证标注在理论上精确的点、轴或平面。通常，两个或三个相互垂直的平面效果最佳，它们共同称做基准参照边框。

- 投影公差：除指定位置公差外，还可以指定投影公差，以使公差更加明确。

7.6.2　标注形位公差

标注形位公差命令执行方法如下。

- 菜单：【标注】|【公差】或【标注】|【引线】|【引线设置】|【公差】。
- 工具栏：单击【标注】工具栏中的 ⊞⊡ 按钮。
- 命令行：输入"tolerance"并按回车键。

执行命令后，系统打开【形位公差】对话框，在该对话框中可以设置公差的符号及基准等参数，如图 7.36 所示。

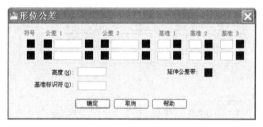

图 7.36　【形位公差】对话框

（1）【符号】：单击该列的 ■ 框，打开【特征符号】对话框，如图 7.37 所示。在该对话框中可以为第 1 个或第 2 个公差选择几何特征符号。

（2）【公差 1】和【公差 2】：单击该列前面的 ■ 框，将插入一个直径符号，在中间的文本框中，可以输入公差值；单击该列后面的 ■ 框，将打开【附加符号】对话框，为公差选择包容条件符号，如图 7.38 所示。

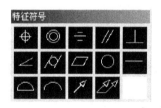

图 7.37　公差特征符号

图 7.38　选择包容条件

（3）【基准 1】、【基准 2】和【基准 3】：用于设置公差基准和相应的包容条件。

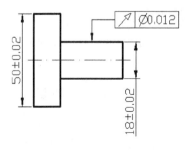

图 7.39　创建形位公差标注

（4）【高度】文本框：用于设置延伸公差带的值。延伸公差带控制固定垂直部分延伸区的高度变化，并以位置公差控制公差精度。

（5）【延伸公差带】：单击 ■ 框，可在延伸公差带值的后面插入延伸公差带符号。

（6）【基准标识符】文本框：用于创建由参照字母组成的基准标识符号。

例如，标注如图 7.39 所示图形中的形位公差，步骤如下。

（1）执行【标注】|【引线】命令。

（2）在命令行提示下，直接按回车键，打开【引线设置】对话框，在【注释】选项卡的【注释类型】选项区中选择【公差】单选按钮，然后单击【确定】按钮关闭对话框。

（3）创建引线，系统将自动打开【形位公差】对话框。

（4）在【符号】列单击■框，并在打开的【符号】对话框中选择 符号。

（5）单击【公差 1】列前面的■框，添加直径符号，并在中间的文本中输入公差值，然后单击【确定】按钮，关闭【形位公差】对话框，完成标注。

7.7　编辑尺寸标注

在 AutoCAD 2010 中，用户可以对已标注对象的文字、位置及样式等内容进行修改，而不必删除所标注的尺寸对象再重新标注。

7.7.1　编辑标注

编辑标注命令执行方法如下。

- 工具栏：单击【标注】工具栏中的 按钮。
- 命令行：输入"dimedit"并按回车键。

执行命令，可以编辑已有标注文字内容和放置位置，此时命令行将提示如下信息：

输入标注编辑类型［默认(H)/新建(N)/旋转(R)/倾斜(O)］＜默认＞：

各选项的含义如下。

- 【默认】：选择该选项，并选择尺寸对象，可以按默认位置及方向放置尺寸文字。
- 【新建】：选择该选项，可以修改尺寸文字，此时系统将显示【文字格式】工具栏和文字输入窗口，修改或输入尺寸文字后，选择需要修改的尺寸对象即可。
- 【旋转】：选择该选项，可以将尺寸文字旋转一定的角度，同样是先设置角度值，然后选择尺寸对象。
- 【倾斜】：选择该选项，可以使非角度标注的尺寸界线倾斜一角度，这时需要先选择尺寸对象，然后设置倾斜角度值。

7.7.2　编辑标注文字的位置

编辑标注文字命令执行方法如下。

- 菜单：【标注】|【对齐文字】子菜单。
- 工具栏：单击【标注】工具栏中的 按钮。
- 命令行：输入"dimtedit"并按回车键。

执行命令后，可以修改尺寸的文字位置。选择需要修改的尺寸对象后，命令行将提示如下信息：

命令：_dimtedit

选择标注：

为标注文字指定新位置或［左对齐(L)/右对齐(R)/居中(C)/默认(H)/角度(A)］：

默认情况下，可以通过拖动光标，来确定尺寸文字的新位置。其中各选项的意义如下。

- 【左对齐】和【右对齐】选项：可以将尺寸文字沿尺寸线左对齐或右对齐。
- 【居中】：可以将尺寸文字放在尺寸线的中间。
- 【默认】：可以按默认位置及方向放置尺寸文字。
- 【角度】：可以旋转尺寸文字，此时需要指定一个角度值。

7.7.3 替代与更新

1. 替代

选择【标注】|【替代】命令，可以临时修改尺寸标注的系统变量设置，并按该设置修改尺寸标注。该操作只对指定的尺寸对象作修改，并且修改后不影响原系统变量设置。执行该命令时，命令行提示如下信息：

输入要替代的标注变量名或［清除替代(C)］：

默认情况下，输入要修改的系统变量名，并为该变量指定一个新值，然后选择需要修改的对象，这时指定的尺寸对象将按新的变量设置作相应更改。如果在命令提示下输入"C"，并选择需要修改的对象，这时可以取消用户已作出的修改，并将尺寸对象恢复成在当前系统变量设置下的标注形式。

2. 更新

选择【标注】|【更新】命令，或在标注工具栏中单击按钮 ，可以更新标注，使其采用当前的标注样式，此时命令行将提示如下信息：

输入标注样式选项［注释性(AN)/保存(S)/恢复(R)/状态(ST)/变量(V)/应用(A)/?］〈恢复〉：

各选项的含义如下。

- 【保存】：用于将当前尺寸系统变量的设置作为一种尺寸标注样式命名保存。
- 【恢复】：用于将用户保存的某一尺寸标注样式恢复为当前样式。
- 【状态】：用于查看当前各尺寸系统变量的状态。选择该选项，可切换到文本窗口，并显示各尺寸系统变量及其当前设置。
- 【变量】：用于显示指定标注样式或对象的全部或部分尺寸系统变量及其设置。
- 【应用】：可以根据当前尺寸系统变量的设置更新指定的尺寸对象。
- 【?】：用于显示当前图形中命名的尺寸标注样式。

7.8 上机实训

绘制如图 7.40 所示的阀盖零件图并标注尺寸。

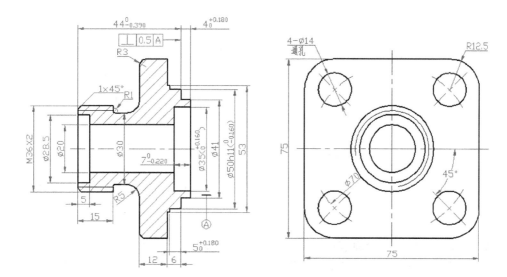

图 7.40 阀盖

(1) 创建图层(见表 7-3)。

表 7 - 3 图层要求

名称	颜色	线型	线宽/mm
轮廓线层	白色	Continuous	0.50
中心线层	蓝色	Center	默认
细实线层	白色	Continuous	默认
剖面线层	红色	Continuous	默认
标注层	红色	Continuous	默认

(2) 将轮廓层置为当前图层,绘制左视图,绘制圆角半径为 12.5、长为 75、宽为 75 的矩形,如图 7.41 所示。将中心线层置为当前图层,绘制中心线。

(3) 将轮廓层置为当前,以中心线的交点为圆心绘制直径为 14 的圆,并利用复制命令绘制 4 个相同的圆,如图 7.42 所示。

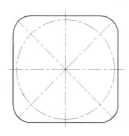

图 7.41 绘制矩形与中心线

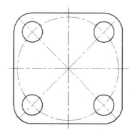

图 7.42 绘制并复制圆

(4) 选择直线或多段线命令,根据尺寸,绘制主视图(剖视图)上半部分,并进行倒角和圆角,如图 7.43 所示。

（5）将细实线层置为当前，绘制螺纹的细实线。执行镜像命令，将图形镜像，如图 7.44 所示。

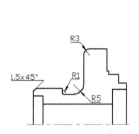

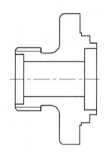

图 7.43　绘制主视图上半部分　　　　图 7.44　镜像图形

（6）将剖面线层置为当前，对图形进行图案填充，如图 7.45 所示。

（7）将轮廓层置为当前层，绘制直径为 20、28.5、36 的圆；将细实线层置为当前，绘制 3/4 的圆，经过修剪，如图 7.46 所示。

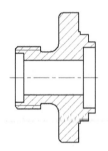

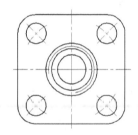

图 7.45　填充剖面线　　　　图 7.46　完成左视图绘制

（8）打开【标注样式管理器】，新建【标注样式1】，在【主单位】选项卡中，将"小数分隔符"设置为"句点"；在【文字】选项卡中，设置【ISO标准】。

标注主视图中尺寸 $\varnothing 35(^{+0.160}_{0})$ 的方法如下。

命令：_dimlinear　执行线性标注命令。

指定第一条延伸线原点或 ＜选择对象＞：　拾取第一条延伸线原点。

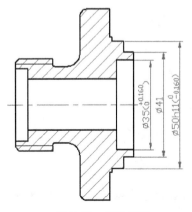

图 7.47　线性标注

指定第二条延伸线原点：　拾取第二条延伸线原点。

指定尺寸线位置或［多行文字（M）/文字（T）/角度（A）/水平（H）/垂直（V）/旋转（R）］：m　输入 M，选择多行文字，输入"％％C"，将光标移到系统测量值 35 之后，输入"（＋0.160^0）"，选中"＋0.160^0"，单击堆叠按钮 **b/a**，出现 $\varnothing 35(^{+0.160}_{0})$，单击【确定】按钮即可。

指定尺寸线位置或［多行文字（M）/文字（T）/角度（A）/水平（H）/垂直（V）/旋转（R）］：　确定尺寸线位置，完成标注。

用同样的方法，标注其他线性尺寸，如图 7.47 所示。

（9）用同一标注样式,对图形中的圆弧进行半径标注或直径标注。

（10）打开【标注样式管理器】,新建【标注样式 2】,在【文字】选项卡中,设置【水平】,标注左视图中的 45°角。

（11）打开【格式】菜单中的【多重引线样式】,新建【多重引线样式 1】,在【内容】选项卡中的"引线连接"区域,将连接位置设成"第一行加下划线",单击【确定】按钮。使用设好的多重引线样式 1,标注 $1.5 \times 45°$倒角以及 $4-\Phi 14$ 通孔,如图 7.48 所示。

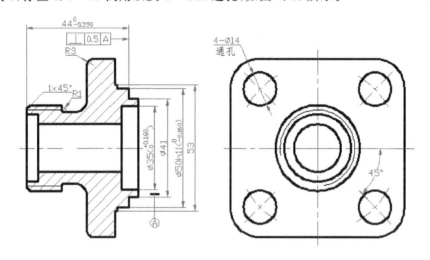

图 7.48 引线标注

（12）完成图 7.40 的所有标注,并适当调整标注位置。

本 章 小 结

尺寸是零件制造、装配、安装及检验的重要依据,标注尺寸是绘图的一个重要环节,有了正确尺寸标注的图纸才具有意义和价值。AutoCAD 为用户提供了完整的尺寸标注功能,本章详细介绍了 AutoCAD 2010 绘图中尺寸标注的有关内容,应重点掌握以下内容:尺寸标注组成与尺寸标注类型;设置标注样式;标注长度型尺寸,角度,直径和半径,引线标注和坐标标注,形位公差;编辑尺寸标注等。

习 题

一、选择题

1. 如果要修改标注样式中的设置,则图形中的_____将自动使用更新后的样式。

A. 当前选择的尺寸标注   B. 当前图层上的所有标注

C. 除了当前选择以外的所有标注   D. 使用修改样式的所有标注

2. 使用对齐命令可以_____放置尺寸文本。

A. 垂直或对齐   B. 水平或垂直

C. 水平或对齐   D. 水平、垂直或对齐

3. 连续标注是_____的标注。

A. 自同一基线处测量   B. 线性对齐

C. 首尾相连   D. 增量方式创建

4. 开始连续标注尺寸时,要求用户事先标出一个尺寸,该尺寸可以是_____。

A. 线性型尺寸   B. 角度型尺寸

C. 坐标型尺寸   D. 以上都可以

5. 将尺寸文本"Φ80"改动为"4×Φ80",下面操作可行的是_____。

A. 双击尺寸文本"Φ80",在显示的矩形窗口中把"Φ80"改为"4×Φ80"

B. 使用文本命令输入文字"4×Φ80"覆盖文本"Φ80"

C. 使用文字编辑 DDEDIT 命令,激活文字格式窗口,在原来的文字前加上"4×"

D. 选中该尺寸,在特性窗口直接把"Φ80"改为"4×Φ80"

二、实训题

1. 绘制并标注如图 7.49 所示的二维图。

2. 绘制如图 7.50 所示的套筒图并完成标注。

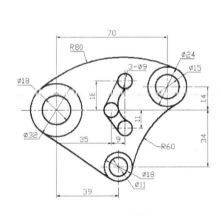 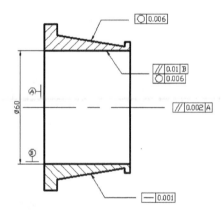

图 7.49   二维图   图 7.50   套筒

第8章 块、外部参照和设计中心

教学目标

- 掌握块的创建和插入的方法
- 掌握块属性的定义方法
- 掌握外部参照的插入、管理及在位编辑
- 掌握设计中心实现资源共享的方法
- 掌握定义工具选项板的方法

AutoCAD绘图时,经常遇到图形中有大量相同或相似的内容在同一张图形中出现,或者在一张图形中有必要引用另一个或几个文件中的全部内容。为此,我们将重复绘制的图形创建成块,将其插入到其他图形文件中,或者以外部参照的形式直接引用到文件。图层、文字样式、表格样式、标注样式和块等可以自己定义,但是,如果每次创建一个新的图形文件都要定义这些对象,难免会降低设计效率,如果在一次定义之后,其他图形文件可以借用原已定义的样式和块,从而实现资源共享,自然会大大提高工作效率。在 AutoCAD 中,设计中心和工具选项板就是实现这种资源共享的有效工具。

8.1 块的创建和插入

在设计过程中,相同或者相似内容不一定都通过复制或带基点复制创建。如果把相同或相近的内容创建成块,再以块的形式插入进来,不仅可以提高设计效率,而且可以在很大程度上节约储存空间。

8.1.1 创建块

创建块,用户需要首先定义块中要包含的对象,然后指定块的名称、块中包含的对象以及块的插入点。创建块的方法如下。

- 菜单:【绘图】|【块】|【创建】。
- 工具栏:单击【绘图】工具栏中的【创建块】按钮 ⛟。
- 命令行:输入"block"或"b"并按回车键。

执行命令后,打开【块定义】对话框,如图 8.1 所示,可以对块定义进行设置。

图 8.1 【块定义】对话框

(1)【名称】:命名要创建的块。右端的下拉列表中显示已经定义的块名。在同一文件中,不能同时存在两个相同名称的块。如果输入的块名与已经存在的块名称相同,则系统将提示该块名已经存在,如单击【确定】按钮,将对该块进行重定义。

(2)【基点】:指定插入的基点。创建的基点将作为以后插入块时的基准点,同时也是块被插入时旋转和缩放的基准点。

(3)【对象】:选择包括在块中的图形对象。单击【选择对象】按钮 或【快速选择】按钮 ,用户可以在绘图空间中选择对象。

选择的对象有以下三种处理模式。

- 【保留】:创建块后用户选择的对象将作为简单对象保留下来。
- 【转换为块】:所选择的对象会自动转换为块,在绘图空间中保留下来。
- 【删除】:创建块后,所选实体将被自动删除。

(4)【方式】:设置组成块的对象的显示方式。

- 【按统一比例缩放】:如果勾选了该选项,将阻止对该图块进行不同坐标比例缩放操作。
- 【允许分解】:指定块是否可以被分解。

(5)【设置】:设置块的单位,或插入超链接。

(6)【说明】:用户可以在该框中对块加入一些文字说明。

单击【确定】按钮退出对话框,块创建完成。

需要说明的是,使用 BLOCK 命令创建的块只能由块所在的图形文件使用,不能被其他文件使用,如果希望在其他图形文件中也能使用,则必须使用 WBLOCK 即写块命令创建块,该块作为文件被保存下来。

8.1.2　插入块

用户可以通过以下方法实现插入块。

- 菜单:【插入】|【块】。
- 工具栏:单击【插入点】工具栏中的 按钮。
- 命令行:输入"insert"或"i"并按回车键。

执行命令后,打开【插入】对话框,如图 8.2 所示。用户首先要指定要插入的块或图形的名称与位置。在当前编辑任务中,系统自动将最后插入的块作为随后使用的默认块。

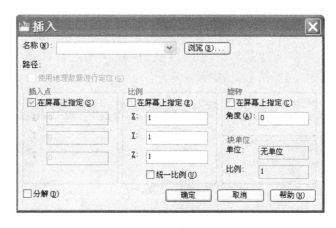

图 8.2 【插入】对话框

（1）【名称】:指定要插入块的名称。可以直接从列表中选择块名称,也可以单击【浏览】按钮打开【选择图形文件】对话框,从中选择要插入的块或图形文件,此时,其他的图形文件可以作为块被插入到当前文件中。

（2）【路径】:指定块的路径。

（3）【插入点】:指定块的插入点。用户可以通过定点设备在屏幕上指定,也可以在【在屏幕上指定】不勾选的情况下,通过在下方的【X】、【Y】、【Z】后输入坐标值来为块设定插入点。

（4）【比例】:指定插入块的缩放比例。用户可以通过勾选【在屏幕上指定】,用鼠标指定块的缩放比例,也可以通过在下方的【X】、【Y】、【Z】后输入比例值来设定不同坐标轴方向的缩放比例,如输入的比例值不同,图块插入后将在不同坐标轴方向有不同的缩放量。如果勾选【统一比例】,则 X、Y、Z 坐标方向按同一比例缩放。

（5）【旋转】:指定插入块的旋转角度。与【比例】相似,用户可以通过勾选【在屏幕上指定】,用定点设备指定块的旋转角度,也可以通过在下方的【角度】后输入角度值来为块设定旋转角度。

（6）【块单位】:显示有关块单位的信息,包括【单位】和【比例】。

（7）【分解】:分解块并插入该块的各个部分。选定【分解】时,只可以指定统一比例因子。

当该对话框中的各种参数均设定完成后,即可单击【确定】按钮或按回车键,插入图块。

如果插入的是带属性的块,而属性模式为【验证】,则在插入该块时系统会显示属性设置过程中输入的提示,要求用户输入属性值,如果该验证模式的属性设置时没有输入提示,则系统会将属性的【标记】作为提示显示出来,要求用户输入属性值。

需要说明的是,在 0 图层创建的块,如果插入到其他图层,则块的特性会随当前层的特性而变化。

8.1.3 定义属性

在具体设计工作中,有时需要有一些块带有附加信息,如机械行业的表面粗糙度(有相同的表面粗糙度符号但不同的粗糙度值和不同的加工符号等)、建筑行业的标高(相同的标高符号但不同的标高值)、家具(不同的型号、价格等)等。这些信息可以通过定义块的属性来附加到块中。在插入块时,属性作为块的注释信息,而且这些信息可以提取到其他文件(如 Excel)中。

用户定义属性,可以通过菜单【绘图】|【块】|【定义属性】,或者在命令行直接输入"Attdef",打开【属性定义】对话框,如图 8.3 所示。

图 8.3 【属性定义】对话框

该对话框有【模式】、【属性】、【插入点】、【文字设置】4 个选项组。

(1)【模式】:指定属性的输入模式。

- 【不可见】:在插入块参照时,属性是不可见的。
- 【固定】:每次插入该块时,都会使用该属性值。
- 【验证】:在插入块时要检验该属性值。
- 【预设】:在定义属性时指定的属性值将被作为默认值。
- 【锁定位置】:用于固定插入块的位置。
- 【多行】:使用多行文字来标注块的属性值。

(2)【属性】:该选项用于设置属性数据,在文本框中输入属性标记、提示和默认值。最多可以选择 256 个字符。如果属性提示或默认值中需要以空格开始,必须在字符串前面加一个反斜杠(\)。如果用户要使第一个字符为反斜杠,则需要在字符串前面加上两个反斜杠。

- 【标记】:标识图形中每次出现的属性。用户可以使用任何字符组合(空格除外)输入属性标记,字母不分大小写,小写字母会自动转换为大写字母。
- 【提示】:指定在插入包含该属性定义的块时显示的提示。如果不输入提示,系统会自动将属性标记用作提示。如果在【模式】区域选择【固定】模式,【提示】选项将不可用。

- 【默认】:指定默认属性值。
- 【插入字段】按钮 ⊞:弹出【字段】对话框。用户可以插入一个字段作为属性的全部或部分值。

(3)【插入点】:指定属性位置。

- 【在屏幕上指定】:关闭对话框后将显示【起点】提示。用户可以相对于要与属性关联的对象指定属性的位置。
- 【X】:指定属性插入点的 X 坐标。
- 【Y】:指定属性插入点的 Y 坐标。
- 【Z】:指定属性插入点的 Z 坐标。

(4)【文字设置】:用于设置属性文字的对正、样式、高度和旋转。

- 【对正】:指定属性文字的对正方式。
- 【文字样式】:指定属性文字的预定义样式。
- 【高度】:指定属性文字的高度。用户可以输入文字的高度值,或选择【高度】用定点设备指定高度。此高度为从原点到指定的位置的测量值。如果用户选择有固定高度(任何非 0 值)的文字样式,或者在【对正】列表中选择了【对齐】,则【高度】选项不可用。
- 【旋转】:指定属性文字的旋转角度。用户可以输入旋转角度值,或选择【旋转】用定点设备指定旋转角度。如果用户在【对正】列表中选择了【对齐】或【布满】,则【旋转】选项不可用。

创建带属性块的过程与前文所述创建块的过程相同,只是在选择对象时要将属性文字对象包括在内。

8.2　编辑与管理块属性

8.2.1　编辑块属性

当带属性块(有的块带有多个属性)插入到文档中以后,有时需要对块的属性进行编辑修改。修改属性值可以通过以下方法执行。

- 菜单:【修改】|【对象】|【属性】|【单个】。
- 工具栏:单击【修改Ⅱ】工具栏中的编辑属性按钮 ⬙。
- 命令行:输入"eattedit"并按回车键。
- 双击要编辑的块。

执行命令后,命令行提示:

选择块:

单击带属性的块,打开【增强属性编辑器】对话框,如图 8.4 所示,可以对块中的属性逐个进行编辑修改。

【增强属性编辑器】对话框有【属性】、【文字选项】、【特性】3 个选项卡。

- 【属性】:编辑修改每个属性的标识、提示、值。
- 【文字选项】:设置文字格式。如图 8.5 所示,可以对文字样式、对正方式、高度、旋转角度等进行编辑和修改。

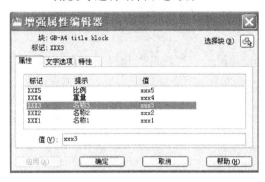

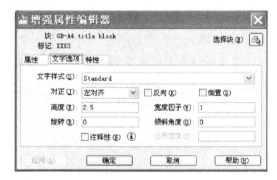

图 8.4 【增强属性编辑器】对话框   图 8.5 【文字选项】选项卡

- 【特性】:定义属性所在的图层以及属性文字的线宽、线型和颜色。如果图形使用打印样式,可以使用【特性】选项卡为属性指定打印样式,如图 8.6 所示。

在【增强属性编辑器】中所有的属性定义完成之后,单击【确定】按钮或直接按回车键,完成属性编辑。

8.2.2 块属性管理器

当文件中有多个带属性的块时,编辑修改属性可以通过以下方法执行。

- 菜单:【修改】|【对象】|【属性】|【块属性管理器】。
- 工具栏:单击【修改 II】工具栏中的块属性管理器按钮 。
- 命令行:输入"battman"并按回车键。

执行命令后,系统打开【块属性管理器】对话框,可以依次编辑修改不同的块的属性,如图 8.7 所示。

图 8.6 【特性】选项卡   图 8.7 【块属性管理器】对话框

8.2.3 数据提取

块中的属性主要用于自动生成和控制,也有部分属性用于数据。用户可以将块中的属性数据提取出来,用于列表打印或在其他程序(如数据库管理系统、电子表格和字处理程序)中进行处理。可以通过以下方法执行数据提取。

- 菜单:【工具】|【数据提取】。
- 工具栏:单击【修改Ⅱ】工具栏中的数据提取按钮 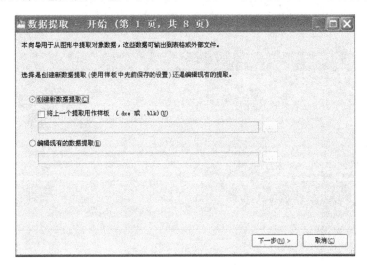 。

- 命令行:输入"eattext"并按回车键。

执行命令后,打开【数据提取】向导,如图 8.8 所示,按照向导提示进行操作。

图 8.8 【数据提取】向导

- 【数据提取】向导提供了用于指定新设置以提取属性的选项,或使用以前保存在属性提取样板文件中的设置选项,按照向导的提示进行操作,可以将图形文件中的块的属性提取出来。

8.3 使用外部参照

AutoCAD 可以将一些图形嵌入到另一个图形文件,当前文件只保存其名称和路径,而嵌入的每个图形的数据仍然分别保存在原来各自的文件中,这就是外部参照。外部参照仅是一种链接,无论参照的图形如何复杂,当前文件仅保存它们之间的链接信息,这种方式可以节约大量的存储空间。在具体的工程设计中,许多图形之间有相当强的关联性,通过外部参照,可以时刻关注参照图形的编辑情况,参照图形一旦被修改,其信息会反映到当前文件中,因而可以继承使用最新的参照图形,同时还可以通过绑定外部参照将其作为一个图块永久地嵌套到当前文件。

8.3.1 插入外部参照

可以通过以下方法插入外部参照。

- 菜单:【插入】|【DWG 参照】或【插入】|【外部参照】|【附着 DWG】。

- 工具栏：单击【参照】工具栏中的【附着外部参照】按钮 ![dwg], 或单击【参照】工具栏中的【外部参照】按钮 ![外部参照], 再单击【附着 DWG】按钮 ![dwg]。
- 命令行：输入"xattach"或"xa"并按回车键。

执行命令后，可以打开【选择参照文件】对话框，如图 8.9 所示；或者打开【外部参照】选项板，如图 8.10 所示，通过单击【附着 DWG】按钮 ![dwg] 打开【选择参照文件】对话框。选择外部参照文件名后，单击【打开】按钮，打开【外部参照】对话框，如图 8.11 所示。各选项含义如下。

图 8.9 【选择参照文件】对话框

图 8.10 【外部参照】选项板

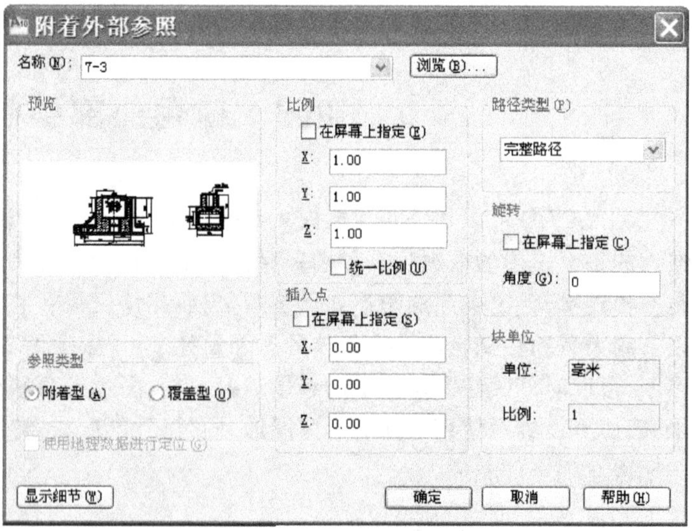

图 8.11 【外部参照】对话框

（1）【名称】：选中一个外部参照之后，其名称将出现在列表中，同时显示其位置和保存路径。

162

（2）【预览】：可以从中为当前图形选择需要插入的外部参照。

（3）【参照类型】：指定外部参照为附着型还是覆盖型，当附着覆盖型外部参照的图形作为外部参照附着到另一图形时，将忽略该覆盖型外部参照。

（4）【路径类型】：指定外部参照的保存路径是完整路径、相对路径，还是无路径。

（5）【插入点】：指定所选外部参照的插入点。可以在屏幕上直接指定位置，也可以输入相应的 X、Y、Z 坐标。

（6）【比例】：指定所选外部参照的比例因子。

（7）【旋转】：指定外部参照图形插入的旋转角度。可以直接给定，也可以插入时在屏幕上输入。

当用户对对话框中各选项设置完成之后，单击【确定】按钮或直接按回车键，即可完成外部参照的插入，如果选择【插入点】为【在屏幕上指定】，还需通过鼠标选择相应的插入点。

8.3.2　外部参照的管理

外部参照可以实现打开、附着、绑定、重载、卸载和拆离等管理。具体做法是，单击参照工具栏中的相应按钮，或在【外部参照】选项板中选中该参照，单击鼠标右键，在出现的快捷菜单中选择相应的项目，如图 8.12 所示。

（1）【打开】：打开相应的参照图形。

（2）【附着】：再次插入该参照。

（3）【卸载】：在当前图形中删除该参照的图形显示，但当前文件与参照文件的链接信息依然保留。

（4）【重载】：对已经卸载的参照图形进行重新加载，如果该参照图形没有卸载，则重新加载该参照图形的最新版本。

（5）【拆离】：断开当前文件与参照图形文件之间的链接信息，同时，将参照图形从当前显示中清除掉。

（6）【绑定】：断开当前文件与参照图形文件的链接信息，但是不清除参照图形在当前文件中的显示，该图形只是作为当前文件的一个块附着在当前文件中，同时，当前文件中存在了一个与参照文件名相同名称的图块。

在应用【拆离】和【绑定】时要注意，一旦外部参照被绑定和拆离，当前文件与参照文件之间的链接信息将被断开，用户将不能再重载图形，绑定后的图形只能保存绑定之前最后一次重载时的显示，不能保证是最新版本。

图 8.12　【外部参照】选项板管理快捷菜单

163

8.3.3 剪裁外部参照

将图形作为外部参照附着或插入块后,可以用 xclip 命令定义剪裁边界。被剪裁后,参照几何图形本身并没有改变,只是改变了其显示区域,参照在剪裁边界内的部分可见,其余部分则不可见。

剪裁外部参照的方法:可以通过在命令行输入 xclip 命令,或单击参照工具栏中的 按钮,也可以选中要剪裁的参照后单击鼠标右键,弹出快捷菜单,如图 8.13 所示。选择【剪裁外部参照】,执行新建边界、删除现有的边界或生成与剪裁边界顶点重合的多段线对象等。

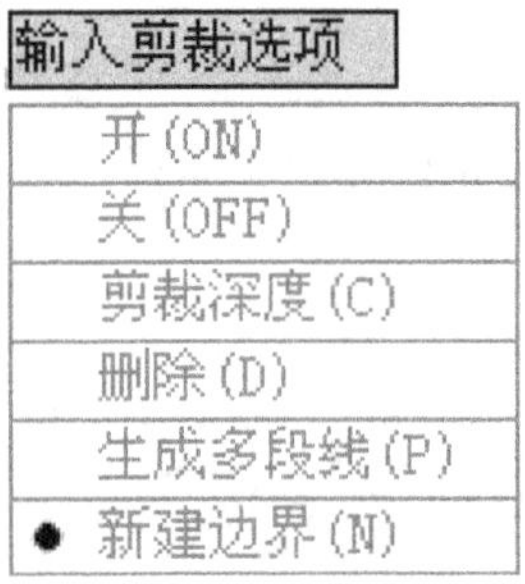

【剪裁外部参照】快捷菜单的各项含义如下。

(1)【开】和【关】:控制剪裁边界的显示。【关】选项将忽略剪裁边界而使整个参照显示出来,【开】选项只显示剪裁区域中的参照。

(2)【剪裁深度】:在一个参照上设置前向剪裁平面或后向剪裁平面,在定义的边界及指定的深度之外的对象将不显示。

(3)【删除】:可删除选定的参照的剪裁边界。暂时关闭剪裁边界可用前面所说的【关】选项,【删除】选项将删除剪裁

图 8.13 【剪裁外部参照】快捷菜单

边界和剪裁深度而使整个参照文件显示出来。

(4)【生成多段线】:在生成剪裁边界时,将创建一条与剪裁边界重合的多段线。多段线具有当前图层、线型及颜色的设置,当剪裁边界被删除时,此多段线将被自动删除。

(5)【新建边界】:定义一个矩形或多边形剪裁边界或选择一条多段线,以生成一个多边形剪裁边界。该边界可以是矩形、多边形和多段线,用户可以在随后出现的选项中选择。

经过剪裁的参照仍然可以进行移动或复制等编辑,边界将与参照一起移动。如果参照包含嵌套的剪裁外部参照,它们将在图形中显示剪裁效果,如果上级参照是经过剪裁的,嵌套参照同样被剪裁。

8.3.4 外部参照的编辑

当用户在当前图形中插入了外部参照,而发现参照图形存在设计上的纰漏,可以通过在位编辑外部参照,对当前图形中的参照和参照源文件进行修改。这种修改可以实现在修改当前图形的同时也同时修改源图形(如果源图形没有加锁)。

用户可以通过在命令行输入 refedit 命令,或者通过菜单【工具】|【外部参照和块在位编辑】|【在位编辑参照】,或者在系统未经个性化设置的默认情况下选中要编辑的参照,单击鼠标右键,在弹出的快捷菜单中选择【在位编辑外部参照】打开【参照编辑】对话框,如图 8.14 所示。步骤如下。

(1)在当前图形中选择要编辑的参照。

(2)在【参照编辑】对话框中,选择要进行编辑的特定参照。

(3)单击【确定】按钮。

(4)在参照中选择要编辑的对象并按回车键,选定的对象将成为工作集。默认情况下,

所有其他对象都将锁定和褪色。

图 8.14　【参照编辑】对话框

（5）编辑工作集中的对象，单击【将修改保存到参照】，工作集中的对象将保存到参照，外部参照或块将被更新。如果要放弃对参照的修改，可以选择【放弃对参照的修改】而取消修改。

使用外部参照的在位编辑要谨慎，一旦对图形参照对象进行了在位编辑，源文件将自动作出相应的修改，只有确实需要在改动当前文件的同时也要改动源文件时，才可以在位编辑外部参照。如果仅仅要改动当前文件中的参照显示而不需要编辑源文件，可以先将外部参照绑定，使该参照变成当前文件的块，然后再编辑块。

8.4　设计中心

8.4.1　设计中心概述

设计中心用来显示用户计算机和网络驱动器上的文件与文件夹的层次结构、打开图形的列表、自定义内容以及上次访问过的位置的历史记录。通过设计中心，用户可以方便地组织对图形、块和其他图形内容的访问，将源图形中的任何内容拖动到当前图形中，源图形可以位于用户的计算机上、网络位置或网站上。另外，如果打开了多个图形，则可以通过设计中心在图形之间复制和粘贴其他内容（如图层定义、块、线型、布局、文字样式、表格样式、标注样式等）来简化绘图过程。

设计中心的主要功能如下。

- 浏览用户计算机、网络驱动器和 Web 页上的图形内容，如图形和符号库等。
- 在定义表中查看图形文件中的块和图层等命名对象的定义，然后将定义插入、附着、复制和粘贴到当前图形中。

- 更新块定义。
- 创建指向常用图形、文件夹和 Internet 网址的快捷方式。
- 向图形中添加外部参照、块和文字样式、标注样式等内容。
- 在新窗口中打开图形文件。

8.4.2　设计中心选项板

打开【设计中心】有多种方式，其中最常用的有以下三种。

- 菜单:【工具】|【选项板】|【设计中心】。
- 工具栏:单击标准工具栏上的【设计中心】按钮 。
- 命令行:输入"adcenter"或"adc"并按回车键。

执行命令后,打开【设计中心】选项板,如图 8.15 所示。【设计中心】选项板分为两部分,左边为树状图,右边为内容区。用户可以在树状图中浏览内容的源,而在内容区显示内容,也可以在内容区中将项目添加到图形或工具选项板中。在内容区的下面,可以显示选定图形、块、填充图案或外部参照的预览或说明。窗口顶部的工具栏提供若干选项和操作。

图 8.15　【设计中心】选项板

1. 树状图

树状图包括【文件夹】、【打开的图形】和【历史记录】三个选项卡。

(1)【文件夹】:显示计算机或网络驱动器(包括【我的电脑】和【网上邻居】)中文件和文件夹的层次结构。用户可以在设计中心树状图中定位指定的文件名、目录位置或网络路径。

(2)【打开的图形】:显示当前工作任务中打开的所有图形,包括最小化的图形。

(3)【历史记录】:显示最近在设计中心打开的文件列表。显示历史记录后,在一个文件上单击鼠标右键显示此文件信息或从【历史记录】列表中删除此文件。

2. 内容区

内容区显示树状图中当前选定【容器】的内容。容器是包含设计中心可以访问的信息的网络、计算机、磁盘、文件夹、文件或网址。用户可以根据树状图中选定的容器，来选择含有图形或其他文件的文件夹、图形、图形中包含的命名对象（块、外部参照、布局、图层、标注样式和文字样式等）、图像或图标表示块或填充图案、基于 Web 的内容以及由第三方开发的自定义内容。在内容区域中，通过拖动、双击或单击鼠标右键并选择【插入为块】、【附着为外部参照】或【复制】，可以在图形中插入块、填充图案或附着外部参照。也可以通过拖动或单击鼠标右键向图形中添加其他内容，如图层、标注样式和布局等，还可以从设计中心将块和填充图案拖动到工具选项板中。

8.4.3　通过设计中心添加内容

设计中心能给用户提供的最大方便，就是可以将计算机上已经创建的内容直接添加到当前文件中，这就大大简化了用户新建文件之后的工作，不必再次创建这些内容。使用以下方法可以在内容区中向当前图形添加内容，如图 8.16 所示。

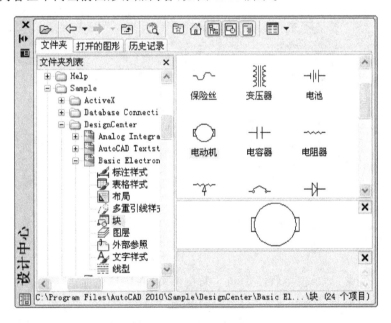

图 8.16　向图形中添加内容

（1）将某个项目通过鼠标左键拖动到某个图形的图形区，按照默认设置将其插入。

（2）在内容区中的某个项目上单击鼠标右键，显示包含若干选项的快捷菜单，通过选择快捷菜单中的不同选项，对内容进行添加和复制，对于图块，在能够插入和复制的同时还可以重定义、创建工具选项板。

（3）双击块将显示【插入】对话框，双击图案填充将显示【边界图案填充】对话框。

（4）可以预览图形内容，如内容区中的图形、外部参照或块，如果预览图形有文字说明，还可以显示文字说明。

8.4.4 通过设计中心更新块定义

与外部参照不同,当更改块定义的源文件时,包含此块的图形的块定义并不会自动更新。通过设计中心,可以决定是否更新当前图形中的块定义。块定义的源文件可以是图形文件或符号库图形文件中的嵌套块。

在内容区中的块或图形文件上单击鼠标右键,然后单击显示的快捷菜单中的【仅重定义】或【插入并重定义】命令,可以更新选定的块。

8.4.5 通过设计中心打开图形

如图 8.17 所示,可以通过以下方法在内容区中打开图形。

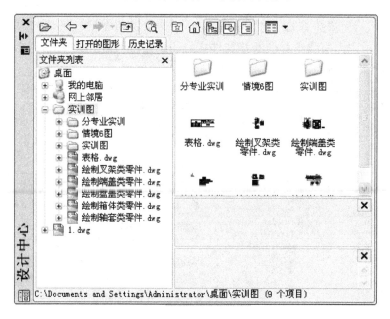

图 8.17　打开图形文件

(1) 使用快捷菜单:单击树状图中相应的文件夹,在内容区中选中相应的文件图标,单击鼠标右键,选择【在应用程序窗口中打开】命令。

(2) 按住 Ctrl 键同时拖动图形:单击树状图中相应的文件夹,在内容区中选中相应的文件图标,按住 Ctrl 键同时以鼠标左键拖动该图标,将该图标拖动到绘图区域中。

(3) 拖动:单击树状图中相应的文件夹,在内容区中选中相应的文件图标,单击鼠标左键将图形图标拖至绘图区域的图形区外的任意位置。

通过这种打开方式,在打开图形文件的同时,该图形名将被添加到设计中心历史记录表中,以便在将来的任务中快速访问。

8.4.6 加载带填充图案的设计中心内容区

如果想通过设计中心加载已有文件中的填充图案,可以通过以下步骤实现。

(1) 单击设计中心工具栏上的【搜索】按钮。

（2）在【搜索】对话框中，单击【查找】框，然后单击【填充图案文件】。

（3）在【填充图案文件】选项卡的【搜索名称】框中，输入【＊】。

（4）单击【立即搜索】按钮。

（5）双击找到的一个填充图案文件。

这样，选择的图案填充文件将被加载到设计中心。

8.5　工具选项板

工具选项板提供了一种用来组织、共享和放置块、图案填充及其他工具的有效方法。工具选项板还可以包含由第三方开发人员提供的自定义工具。合理地应用工具选项板，用户可以方便地将一些常用图块、填充图案、命令工具等添加到图形中，同时，用户还可以根据自己的需要创建工具选项板和工具选项板组，便于在后期的设计中使用。

8.5.1　打开工具选项板窗口

用户可以通过以下方法打开【工具选项板】。

- 菜单：【工具】|【选项板】|【工具选项板】。
- 工具栏：单击标准工具栏上的【工具选项板】按钮 ▥。
- 命令行：输入"toolpalettes"并按回车键。

【工具选项板】窗口包括【建模】、【机械】、【注释】、【命令工具】、【图案填充】等数十个选项卡，如图 8.18 所示。单击任意一个选项卡都可以提供多种块、命令、填充图案等工具，用户可以从工具选项板提供的工具中选择相应的工具编辑对象。

8.5.2　通过工具选项板创建工具

用户可以通过工具选项板创建工具，常用的方法如下。

（1）打开【工具选项板】窗口，单击相应的选项卡，单击相应工具，将该工具拖动到绘图区域相应位置。

（2）如果所用的是建模等命令类型的工具，用户还要根据命令行中的提示，提供相应的参数。如使用【建模】工具选项卡中的【圆柱形螺旋】，在用户选择【圆柱形螺旋】工具后，还要按照命令行提示，依次指定底面的中心点、底面半径或［直径（D）］、顶面半径或［直径（D）］、螺旋高度或［轴端点（A）/圈数（T）/圈高（H）/扭曲（W）］等参数。

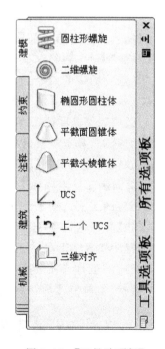

图 8.18　【工具选项板】

（3）如果用户要创建的是建筑、机械等行业中常用的块，用户可以按照上文所述的方法将块拖动到当前文档中，但是，这种拖动很可能仅仅是按照原有块的默认设置插入到文档中的,如果用户想在第一次用工具选项板插入图块就按照自己的实际需要插入(如改变图块的坐标轴比例等),仅仅单击拖动就很难完成。用户可以按照以下步骤插入图块:

① 单击工具选项板中相应的图块;

② 将光标移动到绘图区域;

③ 单击鼠标右键,在快捷菜单中选择相应的坐标轴;

④ 在命令行中输入坐标轴比例因子;

⑤ 选择插入点。

8.5.3　向工具选项板中创建工具

实际设计中,AutoCAD 工具选项板提供的工具有时不能满足需要,用户可以把自己已经创建的图块等工具创建到工具选项板中,以便后期设计中经常使用。具体操作如下。

(1) 在当前文档中创建对象。

(2) 打开【工具选项板】窗口,将相应的选项卡置为当前(单击该选项卡)。

(3) 选中要创建到工具选项板中的对象。

(4) 将该对象拖动到工具选项板相应选项卡的相应位置。

这样,只要创建该对象的文件存在,工具选项板中将长期存在该对象的图标,该对象会作为一个工具存于工具选项板中,用户可以在后期的设计中按照上文所述的方法将其插入正在编辑的图形文件中。

8.5.4　编辑工具选项板工具

有时,用户为了防止工具选项板中的工具过多,从而影响后期使用中对工具的选择,需要在工具选项板中删除一些不必要的工具,或者需要对工具选项板中的工具重新命名,从而使得工具选项板中的命令工具简明易懂,适合自己的使用习惯。

对工具选项板工具的编辑,包括剪切、复制、删除和重命名。

1. 删除工具选项板工具

将相应的工具选项板选项卡置为当前;将光标放在相应的工具图标上;鼠标右键单击该工具;在快捷菜单中选择【删除】命令并确认。

2. 重命名工具选项板工具

将相应的工具选项板选项卡置为当前;在【工具选项板】窗口中的空白区域中单击鼠标右键;单击【重命名选项板】;在文本框中输入选项板的新名称;按回车键。

3. 剪切和复制工具

将相应的工具选项板选项卡置为当前;选中相应的工具;鼠标右键单击该工具;在快捷菜单中选择【复制】或【剪切】命令。

8.5.5　编辑工具选项板

编辑工具选项板主要包括创建工具选项板、删除工具选项板、重命名工具选项板和改变选项板位置。编辑工具选项板常通过右键产生的快捷菜单实现,当要编辑的工具选项板已经置为当前或未置为当前时,出现的快捷菜单是不同的,如图 8.19 所示,将【机械】选项卡置为当前,(a)图为在【机械】选项卡单击右键的快捷菜单,(b)图为在其他选项卡单击右键的快捷菜单。

(a)

(b)

图 8.19　编辑工具选项板

1. 创建工具选项板

用户有时需要创建一个或几个属于自己的工具选项板,以便于后期使用方便。创建工具选项板的步骤如下。

(1) 在工具选项板选项卡上单击鼠标右键。

(2) 在快捷菜单中选择【新建选项板】命令。

(3) 在出现的文本框中输入选项板名称。

(4) 按回车键。

创建工具选项板之后,用户可以将自己定义的工具添加到选项板中,也可以将其他工具选项板中的工具剪切或者复制到自己的工具选项板中。

2. 删除工具选项板

对于一些不用的工具选项板,用户可以将其删除。删除工具选项板的步骤如下。

(1) 在工具选项板选项卡上单击鼠标右键。

(2) 在快捷菜单中选择【删除选项板】命令。

(3) 确认删除。

需要注意的是,这种删除是永久性的,一旦用户删除了该工具选项板,便很难恢复,所以删除工具选项板应谨慎。

3. 移动工具选项板位置

如果用户为了在使用工具选项板时能方便地找到自己常用的选项板,可以移动该选项板的位置。移动位置的方法如下。

(1) 在工具选项板选项卡上单击鼠标右键。

(2) 在快捷菜单中选择【上移】或【下移】命令。

8.6 上机实训

定义带属性的表面粗糙度符号并插入矩形图形中，如图 8.20 所示。

(1) 绘制表面粗糙度符号，尺寸参照图 8.21 所示。

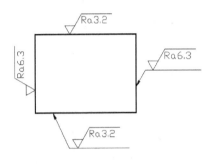

图 8.20　标有表面粗糙度的图形

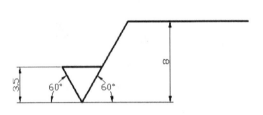

图 8.21　表面粗糙度符号

(2) 定义粗糙度属性。菜单操作【绘图】|【块】|【定义属性】，打开【属性定义】对话框，如图 8.22 所示。其中，【标记】为"粗糙度"，【值】暂定为"Ra3.2"，【插入点】选择"在屏幕上指定"，文字【对正】选择"左上"。单击【确定】按钮，返回绘图窗口，拾取长横线的左下角点，如图 8.23 所示。

图 8.22　定义粗糙度属性

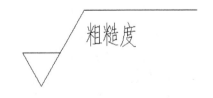

图 8.23　定义属性后的符号

(3) 创建带属性的块。执行 wblock 命令创建块，将块命名为"粗糙度符号"并保存。其中,【基点】拾取三角形的下角点,如图 8.24 所示。

(4) 绘制 40×30 的矩形,在矩形上边和左边依次插入"粗糙度符号"块,插入块时旋转角度分别为 0°和 90°,属性值分别为 Ra3.2 和 Ra6.3,结果如图 8.25 所示。

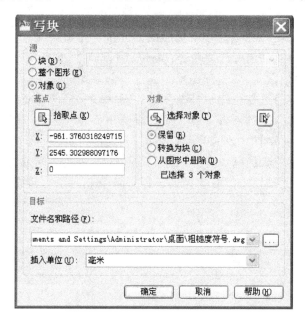

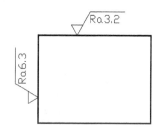

图 8.24　【写块】对话框　　　　　　　　　图 8.25　插入块

(5) 设置多重引线。打开【修改多重引线样式】对话框,新建"粗糙度引线"样式,如图 8.26 所示,将【引线格式】选项卡中的箭头大小设为 2.5,在【引线结构】中最大引线点数设为 3,在【内容】选项卡将多重引线类型改为"无",设置完成后单击【确定】按钮。

(6) 标注多重引线,如图 8.27 所示。

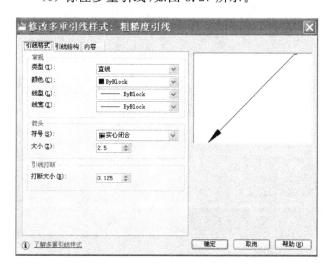

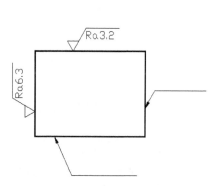

图 8.26　设置【粗糙度引线】样式　　　　　图 8.27　标注多重引线

(7) 标注矩形下方和右方的粗糙度符号,完成图 8.20 所示图形。

本 章 小 结

本章重点介绍了块、外部参照、设计中心和工具选项板的使用方法。在图块的应用中，重点掌握块的创建和插入，以及定义属性、创建带属性的块、属性的编辑、属性的提取等。在外部参照应用中，重点介绍了外部参照的插入、管理和编辑。通过外部参照的应用，可以把已经创建的视图插入到当前文件中，并通过在位编辑外部参照实现对多文档的同时编辑。设计中心和工具选项板是实现图形资源共享的有效工具。通过设计中心，用户可以借用原有图形文件中的图层、线型、表格样式、文字样式、外部参照、图块、布局等资源，避免了用户在创建新的图形文件之后再次创建这些对象的麻烦，而工具选项板可以对一些常用的对象，如图块、命令工具、图案填充样式等实现资源共享，并且提供了针对各专业的常用标准图块库，使用方便快捷。

习 题

一、选择题

1. 属性定义中的插入点与块的插入点为_____。

A. 同一点

B. 属性定义的插入点为属性文本的插入点

C. 块的插入点为属性值的起点

D. 块的插入点一定为线段的端点

2. 定义图块属性时，以下说法错误的是_____。

A. 属性标记可以包含任何字符，包括中文字符

B. 定义属性时，用户必须确定属性标记，不允许空缺

C. 属性标记区分大小写字母

D. 输入属性值的时候，允许【提示】文本框中给出属性提示，以便引导用户正确输入属性值

3. 插入块的大小_____。

A. 可以按一定的比例插入   B. 可以只对单个方向进行缩放

C. 所有方向的缩放比例应相同   D. 与块建立时的大小一致

4. 把块插入到图形中时，一个块可以插入_____。

A. 1 次   B. 2 次

C. 10 次   D. 无穷多次

5. 为保证外部参照使用的总是最新版本，可以_____。

A. 重载外部参照   B. 必须绑定

C. 关闭当前图形并重新打开   D. 保存图形

6. 通过设计中心将某个图形文件用鼠标右键拖放到图形绘图区域，则_____。

A. 打开该图形文件　　　　　　　　　B. 附着图像

C. 插入为块或者附着图像　　　　　　D. 插入为块或附着为外部参照

7. 如果要采用其他图纸的标注样式,最便捷的方法是_____。

A. 利用【设计中心】添加标注样式

B. 参照其他图纸的标注样式对本图纸进行标注样式的设置

C. 将其他图纸作为外部参照插入本图纸,并在标注样式管理器中去除【不列出外部参照的样式】复选框

D. 将两个图纸进行对比,然后逐个进行设置

8. 设计中心_____。

A. 只可在本机浏览　　　　　　　　　B. 只可在局域网内浏览

C. 可在本机、局域网、互联网上浏览　D. 只在当前图形环境浏览

9. 在 AutoCAD 中,下面属于【工具选项板】中【三维制作】部分的是_____。

A. 建模　　　　　　　　　　　　　　B. 机械

C. 图案填充　　　　　　　　　　　　D. 命令工具

10. 下列关于【工具选项板】组,叙述不正确的是_____。

A. 重排工具选项板组时,移动的组中包含的所有其他工具选项板组都将被移动

B. 不能删除置为当前组的工具选项板组

C. 无法将工具选项板组拖至包含该组的组中

D. 删除所有工具选项板组时,不必显示所有工具选项板

二、实训题

新建文件,命名为“阀盖零件图”,将第 7 章中的图 7.40 阀盖作为外部参照插入文件,并练习各项外部参照的管理命令,同时,将图 8.23 定义了属性的粗糙度符号插入零件图有关位置,并设置不同的值。

第9章 三维绘图

教学目标

- 掌握三维绘图环境的设置方法
- 掌握三维曲面的创建方法
- 掌握三维实体的创建方法

AutoCAD 不仅提供了丰富的二维绘图功能,还具有很强的三维造型功能。在 Auto-CAD 的三维坐标系下,用户可以绘制三维点、线、面以及三维实体等。三维实体是具有质量、体积等特征的三维对象。在 AutoCAD 2010 中,可以直接使用系统提供的命令创建长方体、球体及圆锥体等实体,还可以通过旋转和拉伸二维对象等,创建更为复杂的实体。

9.1 设置三维环境

9.1.1 三维绘图界面

打开 AutoCAD 2010,切换界面左上角的【工作空间】选项栏,可以在【二维草图与注释】、【三维建模】和【AutoCAD 经典】三种模式中切换。【三维建模】界面如图 9.1 所示。

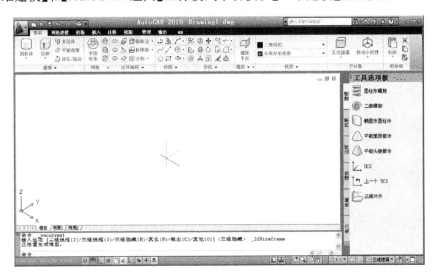

图 9.1 【三维建模】界面

在三维建模界面中,利用【工具选项板】可以设置三维绘图坐标系,或完成螺旋体、椭圆柱体等三维实体造型。【建模】工具栏中有常用几何形体(如圆柱、圆锥、长方体、圆环、棱锥体等)多种实体造型和编辑图标,以及三维图形显示的有关图标。新建文件时,选择 acadiso3D. dwt 样板文件,打开即可。

【工具选项板】功能见图 9.2,【建模】工具栏功能见图 9.3。

图 9.2　【工具选项板】

图 9.3　【建模】工具栏

用户在【AutoCAD 经典】工作空间完成三维绘图与编辑时,需要通过菜单命令执行【视图】|【三维视图】|【东南等轴测】(或【西南等轴测】、【东北等轴测】、【西北等轴测】),或通过其他命令设置视点,才能观察三维效果。

绘制二维图形时,所有的操作都在一个平面上(即 XY 平面,也称为构造平面),一般不涉及原点的移动和平面转换,但在进行三维绘图时,却经常遇到坐标变换问题,所以在绘制三维图形时,应首先设置用户坐标系。

9.1.2　设置用户坐标系

用户可以在 AutoCAD 系统的世界坐标系(WCS)中定义用户坐标系(UCS)。UCS 的坐标原点可以在 WCS 空间的任意位置,Z 轴也可以按需要定义成任何方向,一旦定义好 Z 轴方向,则 XY 平面按右手直角坐标系规则垂直于 Z 轴。定义的 UCS 可以命名,以便以后随时调用或恢复。在多个 UCS 中只有一个是当前的。WCS 是唯一的,而 UCS 可以是任意多个。

用户坐标系建立方法有以下三种。

- 菜单:【工具】|【新建 UCS】|子菜单。
- 工具栏:调出 UCS 工具栏,单击图标按钮 。
- 命令行:输入"UCS"并按回车键。

执行命令后,命令行提示:

当前 UCS 名称：＊世界＊

指定 UCS 的原点或［面(F)/命名(NA)/对象(OB)/上一个(P)/视图(V)/世界(W)/X/Y/Z/Z 轴(ZA)］＜世界＞：

各选择项操作说明如下。

- ＜世界＞:默认,直接按回车键即可。
- 指定 UCS 的原点:设置一个新原点,三个坐标轴的方向不变。当输入的坐标点是 X、Y 平面上的点时,则系统默认当前 Z 轴坐标值。操作完成后,坐标系先平移到新原点,然后 Z 轴正方向转移到由 Z 轴上的一点确定的方向。
- 面(F):将 UCS 与选择的实体对象的面对齐。UCS 的 X 轴与找到的第一个面上的最近的边对齐。
- 命名(NA):将当前 UCS 命名并存储。名字长度最多为 31 个有效字符。
- 对象(OB):指定一个实体来定义一个新的坐标系。新的 UCS 的 Z 轴与指定实体的 Z 轴方向相同,新的原点及 X 轴因实体的类型不同而不同。新的 Y 轴根据确定的 X、Z 轴,按右手规则确定。
- 上一个(P):恢复上一个 UCS。AutoCAD 系统可以保留最后 10 个 UCS 坐标系,因此,可以重复使用该选项一步步退回到前某个 UCS 坐标系统。
- 视图(V):建立一个新的 UCS 坐标系,使其 X-Y 平面垂直于视图方向,即平行于屏幕,原点保持不变。
- 世界(W):将当前 UCS 坐标系设置返回到 WCS 坐标系。该项为默认项。
- X/Y/Z:绕某一坐标轴旋转。指定一个轴便整个坐标系绕它旋转以形成新的 UCS。后续提示输入绕轴旋转角度值,旋转角是相对于当前 UCS 的轴指定的。
- Z 轴(ZA):设置新的原点及 Z 轴方向。

如果是菜单操作,即执行【工具】|【新建 UCS】,可以直接选择子菜单中的图标按钮即可,如图 9.4 所示。如果是工具栏操作,则可以调出【UCS】工具栏,直接单击选择的图标按钮即可,如图 9.5 所示。

图 9.4 【新建 UCS】菜单

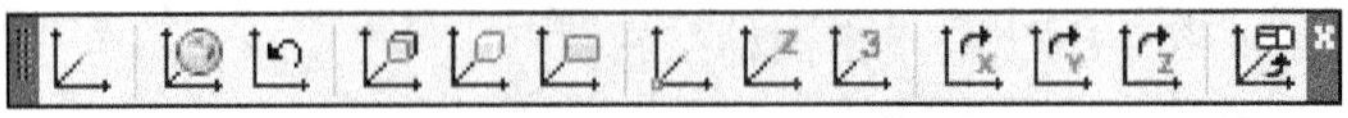

图 9.5 【UCS】工具栏

9.1.3　设置视点

　　沿一个坐标轴方向观察实体没有立体感,通过确定适当的观察视点,从不同的方向观察三维对象,才能得到立体效果。AutoCAD 提供几种方法设置观察视点。

　　1. 利用 vpoint 命令确定视点

　　命令行输入"vpoint"并按回车键。命令行提示:

　　当前视图方向: VIEWDIR = 0.0000,0.0000,1.0000

　　指定视点或［旋转(R)］<显示坐标球和三轴架>:

　　各项含义如下。

　　(1)视点:给出视点的三个坐标分量来确定视点。直接输入 X、Y、Z 坐标值作为视点,由输入点到坐标原点的连线即为三维观察方向。

　　(2)旋转:以两个角度确定视点方向。后续提示为:输入 X-Y 平面中与 X 轴的夹角;输入与 X-Y 平面的夹角。

　　若直接按回车键,则显示坐标球和三轴架,如图 9.6 所示。

　　在坐标球中选择合适的位置,三轴架显示三个坐标轴各自的方向,依此确定观察视点。

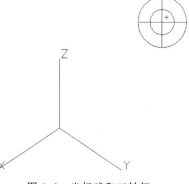

图 9.6　坐标球和三轴架

　　2. 利用下拉菜单

　　选择下拉菜单【视图】|【三维视图】,即弹出下一级菜单,如图 9.7 所示。

　　•【视点预设】

　　选择后弹出【视点预设】对话框,如图 9.8 所示。该对话框用图形方式动态地建立一个观察三维模型的新视点。框中提供了两个表盘图像,左边的正方形表盘,用于决定视点在 X-Y 平面上相对于 X 轴正向的角度值。右边半圆形表盘用来确定新视点和原点连线与 X-Y 平面的夹角。

图 9.7　【三维视图】菜单

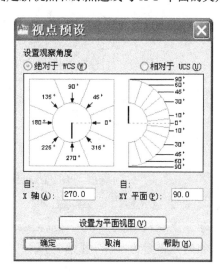

图 9.8　【视点预设】对话框

在使用左表盘时,有两种决定视点与 X 轴正向夹角的方法可供选择。在表盘内圆与正方形之间的区域中选择时,角度增量为 45°。在内圆选取时,能够获取任意角度值,并且离圆心越近,角度增量值越小,选取精度也就越高。操作中光标指示的角度值,动态地显示于表盘下方提示符"X 轴"后的编辑框内。如果视点在 X-Y 平面上位置的角度值已知,也可以直接在编辑框中输入。同样用右表盘选择视点与 X-Y 平面的夹角时,也与上述方法类似,在内外半圆之间选取时,可以得到 0°、±100°、30°、45°、60° 和 90°。在内半圆选取时,可获得任意大小的角度值,也可在编辑框中直接输入数值。

- 【视点】

选择【视点】即弹出如图 9.6 所示的坐标球和三轴架。

3. 快速确定特殊视点

利用下拉菜单【视图】|【三维视图】中的【俯视】、【仰视】、【左视】、【右视】、【前视】、【后视】、【西南等轴测】、【东南等轴测】、【东北等轴测】、【西北等轴测】等菜单项,可以快速地确定出一些特殊视点,如图 9.7 所示。

利用【视图】工具栏中也可快速确定特殊视点,如图 9.9 所示。

图 9.9　【视图】工具栏

9.1.4　观察三维图形

1. 改变三维图形的曲面轮廓素线

三维图形中的曲面在线框模式下用线条的形式显示,这些线条称为网线或轮廓素线。可使用系统变量 ISOLINES 设置显示曲面的网线条数,默认值为 4,即使用 4 条网线来表达每一个曲面,可以增加网线条数来使图形更接近三维实物,如图 9.10 所示。

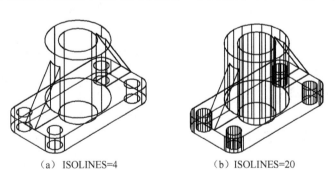

（a）ISOLINES=4　　　　　　（b）ISOLINES=20

图 9.10　ISOLINES 设置对实体显示的影响

2. 以线框形式显示实体轮廓

使用系统变量 DISPSILH 可以以线框形式显示轮廓。系统值为 0 和 1,默认情况下为 0,如果将其值设置为 1,并用【消隐】命令隐藏曲面的小平面,则如图 9.11 所示。

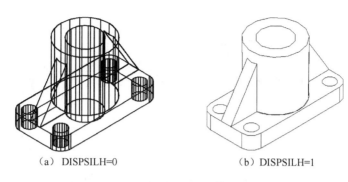

（a）DISPSILH=0　　　　　　　　　（b）DISPSILH=1

图 9.11　以线框形式显示实体轮廓

3. 改变实体表面的平滑度

通过修改系统变量 FACETRES 可以改变实体表面的平滑度,该变量用于设置曲面的面数,取值范围为 0.01~10。值越大,消隐后曲面越平滑。如图 9.12 所示。

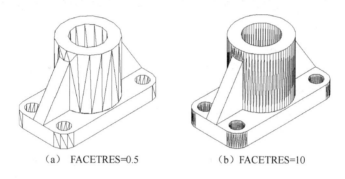

（a）FACETRES=0.5　　　　　　　　（b）FACETRES=10

图 9.12　改变实体表面的平滑度

4. 消隐图形

为了更好地观察三维图形,可选择【视图】|【消隐】命令,暂时隐藏位于实体背后被遮挡的部分,如图 9.13 所示。

执行消隐命令后,绘图窗口无法使用【缩放】和【平移】命令,选择【视图】|【重生成】命令重新生成图形即可。

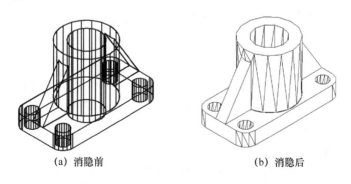

（a）消隐前　　　　　　　　　　　（b）消隐后

图 9.13　【消隐】实例

5. 动态观察视点

选择【视图】|【动态观察】菜单中的子菜单,如图 9.14 所示,可以动态地观察视图,各子

菜单的功能如下。

图 9.14 【动态观察】子菜单

（1）【受约束的动态观察】

用于在当前视口中通过拖动光标指针来动态观察模型，观察视图时指定的目标位置保持不动，观察点围绕该目标移动。默认情况下，观察点会约束为沿着世界坐标系的 X-Y 平面或 Z 轴移动。

（2）【自由动态观察】

指观察点不会约束为沿着 X-Y 平面或 Z 轴移动。当移动光标时，其形状也将随之改变，以指示视图的旋转方向。

（3）【连续动态观察】

指连续动态地观察图形。此时光标的指针将变为由两条线包围的球体，在绘图区域单击并沿任何方向拖动光标指针，可以使对象沿着拖动的方向开始移动，释放鼠标按钮，对象在指定的方向沿着轨道连续旋转。光标的移动速度决定了对象旋转的速度。单击或再次拖动鼠标可以改变旋转轨迹的方向。

也可以选择如图 9.15 所示的工具栏中【受约束的动态观察】图标、【自由动态观察】

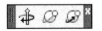

或【连续动态观察】，用鼠标在绘图界面内单击一点，拖住不放，移动位置，可以看到整个图形在三维空间中变换方向，找到最佳观察点，松开鼠标。按 Esc 键或回车键退出，或者单击鼠标右键显示快捷菜单。

图 9.15 【动态观察】工具栏

6. 使用相机

（1）【创建相机】

选择【视图】|【创建相机】命令，可以在视图中创建相机，当指定了相机的位置和目标位置后，命令行提示：

输入选项 [? /名称(N)/位置(LO)/高度(H)/目标(T)/镜头(LE)/剪裁(C)/视图(V)/退出(X)] ＜退出＞：

在该命令下，可以指定创建的相机名称、相机位置、相机高度、目标位置、镜头长度、剪裁方式以及是否切换到相机视图。

（2）【相机预览】

创建相机后，当选中相机时，将打开【相机预览】窗口，在预览框中显示了使用相机观察到的效果。在【视觉样式】下拉列表框中，可以设置预览窗口中图形的三维隐藏、三维线框、概念、真实等视觉样式。如图 9.16 所示。

另外，选择【视图】|【相机】|【调整视距】命令或【视图】|【相机】|【回旋】命令，也可以在视

图中直接观察图形。

（3）【运动路径动画】

在 AutoCAD 2010 中,选择【视图】|【运动路径动画】命令,创建相机沿路径运动观察图形的动画,此时打开【运动路径动画】对话框,如图 9.17 所示。

图 9.16　【相机预览】窗口

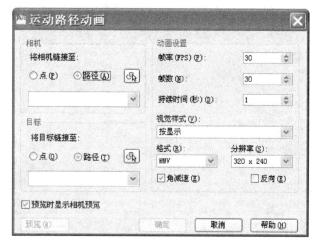

图 9.17　【运动路径动画】对话框

在【运动路径动画】对话框中,各选项区域功能如下。

- 【相机】选项区域用于设置相机链接到的点或路径,使相机位于指定点观测图形或沿路径观察图形。
- 【目标】选项区域用于设置相机目标链接到的点或路径。
- 【动画设置】选项区域用于设置动画的帧率、帧数、持续时间、分辨率、动画输出格式等选项。

当设置完动画选项后,单击【预览】按钮,将打开【动画预览】窗口,可以预览动画播放效果。

7. 漫游与飞行

选择【视图】|【漫游和飞行】菜单命令,如图 9.18 所示,其中包括【漫游】 、【飞行】 、【漫游和飞行设置】 三个工具。执行【漫游】或【飞行】命令,将打开【定位器】选项板,如图 9.19 所示。

图 9.18　【漫游和飞行】菜单

- 【定位器】选项板

【定位器】选项板的功能类似于地图。其中,在预览窗口中显示模型的 2D 顶视图,指示器显示了当前用户在模型中所处的位置,通过拖动可以改变指示器的位置。在【常规】选项区域中,可以设置位置指示器的颜色、尺寸、是否闪烁,以及目标指示器的开启状态、颜色、预览透明度和预览视觉样式。

• 【漫游和飞行设置】

选择【视图】|【漫游和飞行】|【漫游和飞行设置】命令,打开【漫游和飞行设置】对话框,可以设置显示指令窗口的进入时间、窗口显示的时间以及当前图形设置的步长和每秒步数,如图 9.20 所示。

图 9.19 【定位器】选项板

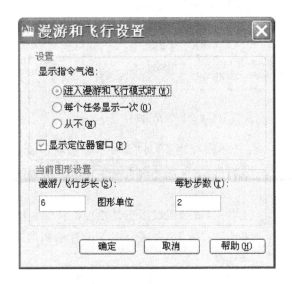

图 9.20 【漫游和飞行设置】对话框

9.1.5 视觉样式

为了更好地观察实体,AutoCAD 2010 提供了视觉样式设置。

1. 工具栏

打开【视觉样式】工具栏,如图 9.21 所示,包含【二维线框】、【三维线框】、【三维隐藏】、

图 9.21 【视觉样式】工具栏

【真实】、【概念】5 种视觉样式和【管理视觉样式】等命令图标。

进入【三维建模】工作空间,选择【渲染】|【视觉样式】选项组,可以从下拉菜单中选择任何一种形式表示实体的显示方式,如图 9.22 所示。

2. 利用下拉菜单

如图 9.23 所示,选取下拉菜单【视图】|【视觉样式】,即弹出下一级菜单,在菜单中选择

三维实体的视觉样式。子菜单中各命令的功能如下。

图 9.22　【三维建模】工作空间中的【视觉样式】　　　图 9.23　【视觉样式】子菜单

- 【二维线框】

显示用直线和曲线表示边界的对象。光栅和 OLE 对象、线型和线宽都是可见的。

- 【三维线框】

显示用直线和曲线表示边界的对象,这时 UCS 为一个着色的三维图标。光栅和 OLE 对象、线型和线宽都不可见。

- 【三维隐藏】

显示用三维线框表示的对象,同时消隐表示后向面的线。该命令与【视图】|【消隐】命令效果相似,此时 UCS 为一个着色的三维图标。

- 【真实】

显示着色后的多边形平面间的对象,并使对象的边平滑化,同时显示已经附着到对象上的材质效果。

- 【概念】

显示着色后的多边形平面间的对象,并使对象的边平滑化。

选择其中的【视觉样式管理器】,打开如图 9.24 所示的对话框。在对话框下方,单击各选择项即可进行设置和修改,选择将选定的视觉样式应用于当前视口,改变当前视觉样式。

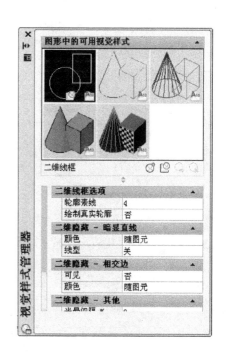

图 9.24　【视觉样式管理器】对话框

9.2 创建三维对象

在 AutoCAD 中,可以创建三维曲面,也可以绘制三维实体。创建三维对象的方法如下。

- 菜单:【绘图】|【建模】|子菜单。
- 工具栏:单击【建模】工具栏图标。
- 命令行:输入相应命令并按回车键。

建模菜单如图 9.25 所示,工具栏如图 9.26 所示。

图 9.25 【建模】菜单

图 9.26 【建模】工具栏

9.2.1 绘制三维曲面

1.平面曲面

在 AutoCAD 2010 中,可以创建平面曲面或将对象转换为平面对象。平面曲面命令执行方法如下。

- 菜单:【绘图】|【建模】|【平面曲面】。
- 工具栏:单击工具栏按钮◇。
- 命令行:输入"planesurf"并按回车键。

执行命令后,命令行提示:

命令:_Planesurf

指定第一个角点或［对象(O)］＜对象＞:

指定其他角点:

在该提示下,直接指定两个点,可以绘制平面曲面。如果要将对象转换为平面曲面,可以选择【对象(O)】选项,然后在绘图窗口中选择对象即可,如图9.27所示。

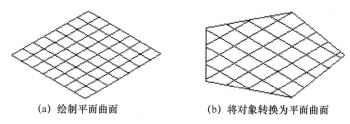

(a) 绘制平面曲面　　　　(b) 将对象转换为平面曲面

图9.27　平面曲面

2. 截面平面

在 AutoCAD 中,执行【绘图】|【建模】|【截面平面】命令,可以通过定位截面线来创建截面对象,当对象被截面截取后,只显示截面线方向箭头所指部分。单击截面线上的向下箭头,弹出一个下拉菜单,用于选择截面对象的类型,包括截面平面、截面边界和截面体积3种。拖动截面线中点夹点,可以控制截面的位置,单击方向箭头,可以控制对象截取后的显示部分,如图9.28所示。

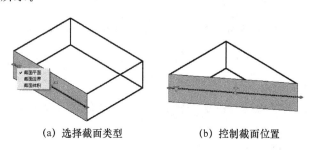

(a) 选择截面类型　　　　(b) 控制截面位置

图9.28　截面三维对象

9.2.2　创建基本三维实体

利用 AutoCAD 可以直接创建多段体、长方体、球体、圆柱体、圆锥体、楔体、圆环体等基本体。

1. 创建多段体

创建多段体命令执行方法如下。

- 菜单:【绘图】|【建模】|【多段体】。

- 工具栏：单击工具栏按钮 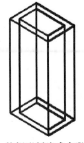。

- 命令行：输入"polysolid"并按回车键。

执行命令后，命令行提示：

命令：_Polysolid 高度 = 80.0000，宽度 = 5.0000，对正 = 居中 （默认高度、宽度和对正方式）

指定起点或［对象(O)/高度(H)/宽度(W)/对正(J)］＜对象＞：

指定下一个点或［圆弧(A)/放弃(U)］：

指定下一个点或［圆弧(A)/放弃(U)］：

指定下一个点或［圆弧(A)/闭合(C)/放弃(U)］：

- 对象：指将图形对象转换为多段体。

- 高度：指设置多段体的高度。

- 宽度：指设置多段体的宽度。

- 对正：指设置多段体的对正方式，如左对正、居中和右对正，默认为居中对正。

当设置了高度、宽度和对正方式后，可以通过指定点来绘制多段体。

该命令功能是创建矩形轮廓的实体，也可以将现有直线、二维多段线、圆弧或圆转换为具有矩行轮廓的实体，如图 9.29 所示。

(a) 将矩形创建成多段体   (b) 将圆弧创建成多段体

图 9.29　绘制多段体

2．绘制长方体

在创建长方体时，其底面应与当前坐标系的 XY 平面平行，方法主要有指定长方体角点和中心点两种。

- 菜单：【绘图】|【建模】|【长方体】。

- 工具栏：单击工具栏按钮 。

- 命令行：输入"box"并按回车键。

执行命令后，命令行提示：

指定第一个角点或［中心(C)］：

指定其他角点或［立方体(C)/长度(L)］：

指定高度或［两点(2P)］：

该命令通过指定长方体的两对角点的位置和高度创建实体，也可选择其他项创建长方体。各选项含义如下。

- 指定第一个角点:指定长方体底面的一个角点。
- 中心:指定长方体的中心。
- 指定其他角点:指定长方体底面的另一个角点。
- 立方体:通过指定立方体的长度绘制立方体。
- 长度:指通过指定长方体的长、宽、高来绘制长方体。
- 高度:指定长方体的高度。
- 两点:通过指定的两个点的距离来确定长方体的高度。

输入数值为正,则沿坐标轴正向创建实体,输入数值为负,则沿坐标轴负向创建实体,长、宽、高分别与当前坐标系的 X、Y、Z 轴平行,绘制的长方体和正方体如图 9.30 所示。

(a) 长方体　　　　　　(b) 正方体

图 9.30　绘制长方体

3. 绘制楔形体

绘制底面与 XOY 平面平行的楔形体。绘制楔形体的方法如下。

- 菜单:【绘图】|【建模】|【楔形体】。
- 工具栏:单击工具栏按钮 。
- 命令行:输入"wedge"并按回车键。

执行命令后,命令行提示:

命令:_wedge

指定第一个角点或 [中心(C)]:

指定其他角点或 [立方体(C)/长度(L)]:

指定高度或 [两点(2P)]:

各选项含义如下。

- 指定第一个角点:指定楔形体底面的一个角点。
- 中心:指定楔形体的中心。
- 指定其他角点:指定楔形体底面的另一个角点。
- 立方体:可以绘制底面是正方形、高度与底边相等的楔形体。
- 长度:指通过指定楔形体的长、宽、高来绘制楔形体。
- 高度:指定楔形体的高度。
- 两点:通过指定的两个点的距离来确定楔形体的高度。

根据上述命令可以绘制楔形体。由于楔形体是长方形沿对角线切成两半后的结果,因此,可以使用与绘制长方体同样的方法来绘制楔形体,如图 9.31 所示。

(a) 底面为矩形　　　　　　(b) 底面为正方形

图 9.31　绘制楔形体

4. 绘制圆锥体

生成一个圆锥体或椭圆锥体。绘制圆锥体方法如下。

- 菜单:【绘图】|【建模】|【圆锥体】。
- 工具栏:单击工具栏按钮 ◇ 。
- 命令行:输入"cone"并按回车键。

命令行提示:

命令:_cone

指定底面的中心点或［三点(3P)/两点(2P)/ 切点、切点、半径(T)/椭圆(E)］:

指定底面半径或［直径(D)］:

指定高度或［两点(2P)/轴端点(A)/顶面半径(T)］:

各选项含义如下。

- 指定底面的中心:指定底面圆的圆心。
- 三点:通过指定圆上的三点来确定底面圆。
- 两点:通过指定底面圆直径的两个点来确定底面圆。
- 切点、切点、半径:利用切点、切点、半径来确定底面圆。
- 椭圆:指绘制底面是椭圆的圆锥体。
- 底面半径:指定底面圆的半径。
- 直径:指定底面圆的直径。
- 指定高度:指定圆锥的高度。
- 两点:通过两点间的距离来确定圆锥的高度。
- 轴端点:圆锥体可以绕轴转动,轴的一个端点为底面圆的圆心,指定轴的另一个端点。
- 顶面半径:可以绘制顶面为圆的圆台,指定圆台顶面的半径,指定高度,绘制圆台。

输入"E"后按回车键,则选择绘制椭圆锥体:先绘制椭圆,然后输入椭圆锥高。

如果直接按回车键,则指定圆锥体底面的中心点,输入一点后绘制圆,给定高度,构建圆锥,如图 9.32 所示。

(a) 圆锥　　　　　　　　　(b) 圆台

图 9.32　绘制圆锥体

5. 绘制球体

生成一个指定直径或半径的球体。绘制球体方法如下。

- 菜单:【绘图】|【建模】|【球体】。
- 工具栏:单击工具栏按钮 ◯ 。
- 命令行:输入"sphere"并按回车键。

命令行提示：

指定中心点或［三点(3P)/两点(2P)/切点、切点、半径(T)］：

指定半径或［直径(D)］<100>：

各选项含义如下。

- 指定中心点：指定球体的球心。
- 三点：以三点确定的圆作为赤道绘制球体。
- 两点：两个点作为南北极绘制球体。
- 切点、切点、半径：与两个已知的圆弧(或圆)相切，输入给定半径方式绘制球体。
- 指定半径：指定球体的半径。
- 指定直径：指定球体的直径。

6. 绘制圆柱体

生成一个圆柱体或椭圆体。绘制圆柱体方法如下。

- 菜单：【绘图】|【建模】|【圆柱体】。
- 工具栏：单击工具栏按钮 ⬚ 。
- 命令行：输入"cylinder"并按回车键。

命令行提示：

命令：_cylinder

指定底面的中心点或［三点(3P)/两点(2P)/切点、切点、半径(T)/椭圆(E)］：

指定底面半径或［直径(D)］<34.9115>：

指定高度或［两点(2P)/轴端点(A)］<58.6493>：

输入"E"后按回车键，则选择绘制椭圆柱：先绘制椭圆，然后输入椭圆柱高。

如果直接按回车键，则指定圆柱体底面的中心点，输入一点后绘制圆，给定高度，构建圆柱，如图 9.33 所示。

(a) 底面为圆的圆柱　　　　　　(b) 底面为椭圆的圆柱

图 9.33　绘制圆柱体

7. 绘制棱锥面

绘制棱锥面方法如下。

- 菜单：【绘图】|【建模】|【棱锥面】。
- 工具栏：单击工具栏按钮 △ 。
- 命令行：输入"pyramid"并按回车键。

创建棱锥面时可以选择侧面数，如四棱锥。命令行提示：

4 个侧面外切

指定底面的中心点或［边(E)/侧面(S)］：

指定底面半径或［内接(I)］＜100＞：

指定高度或［两点(2P)/轴端点(A)/顶面半径(T)］＜500＞：

各选项含义如下。

- 指定底面的中心点：指定棱锥底面的中心点。
- 边：指定棱锥底面的边。
- 侧面：指定棱锥的侧面数目。
- 指定底面的半径：指定棱锥底面的半径。
- 内接：指定底面多边形内接圆的半径。
- 指定高度：指定棱锥体的高度。
- 两点：通过指定两点之间的距离来确定棱锥体的高度。
- 轴端点：棱锥体可以绕轴转动，轴的一个端点为底面中心，指定轴的另一个端点。
- 底面半径：可以绘制棱台，指定棱台顶面的半径及棱台的高度。

图 9.34 所示为绘制的棱锥体。

(a) 六棱锥　　　　　　　　　　(b) 六棱台

图 9.34　绘制棱锥体

8. 绘制圆环体

生成一个圆环体。绘制圆环体方法如下。

- 菜单：【绘图】|【建模】|【圆环体】。
- 工具栏：单击工具栏按钮◎。
- 命令行：输入"torus"并按回车键。

命令行提示：

指定中心点或［三点(3P)/两点(2P)/切点、切点、半径(T)］：

指定半径或［直径(D)］＜100＞：

指定圆管半径或［两点(2P)/直径(D)］：

指定圆环的中心位置、圆环的半径或直径，以及圆管的半径或直径，绘制圆环体。

9.2.3　创建其他三维实体

可以通过拉伸、旋转、扫掠、放样等方法将二维对象创建成三维实体。

1. 通过拉伸绘制实体

利用 AutoCAD 2010，用户可以将二维封闭对象按指定的高度或路径进行拉伸，来绘制三维实体。用于拉伸的二维实体一般是圆、椭圆、封闭的二维多义线、封闭的样条曲线、面域等。如果用于拉伸的二维曲线是直线、圆弧、椭圆弧、不封闭的二维多义线、不封闭的样条线，则拉伸结果形成三维曲面。拉伸路径可以是由圆、椭圆、圆弧、椭圆弧、二维多义线、三维多义线、二维样条线等组成。绘制方法如下。

- 菜单:【绘图】|【建模】|【拉伸】。
- 工具栏:单击工具栏按钮 ⬆。
- 命令行:输入"extrude"并按回车键。

执行命令后,命令行提示:

当前线框密度: ISOLINES = 4

选择要拉伸的对象:

指定拉伸的高度或[方向(D)/路径(P)/倾斜角(T)]＜100＞:

各选项含义如下。

- 选择要拉伸的对象:指确定拉伸对象。
- 指定拉伸的高度:指定拉伸高度,拉伸高度可以为正,可以为负,它们表示了拉伸的方向。默认情况下,沿 Z 轴方向拉伸对象。
- 方向:指定拉伸的方向,可以通过两个点来确定拉伸方向。
- 路径:对象可以沿指定的路径来拉伸成实体。
- 倾斜角:倾斜角度可以为正也可以为负,绝对值不大于 90°,默认值为 0°,表示生成的实体的侧面垂直于 XY 平面,没有锥度。如果为正,将产生内锥度,生成侧面向里靠;如果为负,将产生外锥度,生成侧面向外。

通过拉伸绘制实体如图 9.35 所示。

(a) 拉伸倾斜角度为0°　　　(b) 拉伸倾斜角度为15°　　　(c) 拉伸倾斜角度为−15°

图 9.35　通过拉伸绘制实体图例

2. 通过旋转绘制实体

利用 AutoCAD 2010,用户还可以通过绕旋转轴旋转二维对象的方法绘制三维实体。当以这种方式绘制实体时,用于旋转的二维对象可以是封闭多义线、多边形、圆、椭圆、封闭样条曲线、圆环以及封闭区域。三维对象、包含在块中的对象、有交叉或自干涉的多线段不能被旋转。如果用于旋转的二维曲线是直线、圆弧、椭圆弧、不封闭的二维多义线、不封闭的样条线,则旋转结果形成三维曲面。旋转轴只能是直线。绘制方法如下。

- 菜单:【绘图】|【建模】|【旋转】。
- 工具栏:单击工具栏按钮 🗗。
- 命令行:输入"revolve"并按回车键。

命令行提示:

当前线框密度: ISOLINES = 4

选择要旋转的对象:

指定轴起点或根据以下选项之一定义轴[对象(O)/X/Y/Z]＜对象＞:

指定轴端点:

指定旋转角度或［起点角度(ST)］＜360＞：

各选项含义如下。

- 指定轴的起点：指定旋转轴的起点。
- 对象：将某个对象作为旋转轴。
- X：将 X 轴作为旋转轴。
- Y：将 Y 轴作为旋转轴。
- Z：将 Z 轴作为旋转轴。
- 指定轴端点：指定旋转轴的端点。
- 指定旋转角度：指定对象绕轴的旋转角度。
- 起点角度：指定对象绕轴旋转的起点角度。

通过旋转绘制实体如图 9.36 所示。

3. 二维图形扫掠成实体

在 AutoCAD 2010 中，可以绘制网格面或三维实体。如果扫掠的对象不是封闭图形，那么扫掠后得到的是网格面，否则得到的是三维实体。绘制方法如下。

- 菜单：【绘图】|【建模】|【扫掠】。
- 工具栏：单击工具栏按钮 ⌖。
- 命令行：输入"sweep"并按回车键。

执行命令后，命令行提示：

命令：_sweep

当前线框密度： ISOLINES = 20

选择要扫掠的对象：找到 1 个

选择要扫掠的对象：

选择扫掠路径或［对齐(A)/基点(B)/比例(S)/扭曲(T)］：

各选项含义如下。

- 扫掠路径：指定对象的扫掠路径。
- 对齐：设置扫掠前是否对齐垂直于路径的扫掠对象。
- 比例：设置扫掠的比例因子，设置该参数后，扫掠效果与单击扫掠路径的位置有关。
- 扭曲：设置扭曲角度或允许非平面扫掠路径倾斜。

图 9.37 所示为对圆进行直线路径扫掠成实体的效果。

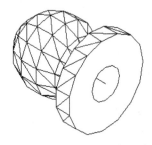

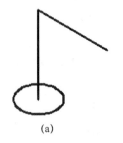

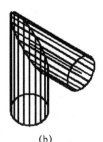

(a)　　　　　　　　　(b)

图 9.36　通过旋转绘制实体图例　　　　图 9.37　将二维图形扫掠成实体

4. 将二维图形放样成实体

在 AutoCAD 2010 中,可以将二维图形放样成实体。绘制方法如下。

- 菜单:【绘图】|【建模】|【放样】。
- 工具栏:单击工具栏按钮 ⬚。
- 命令行:输入"loft"并按回车键。

执行命令后,命令行提示:

命令:_loft

按放样次序选择横截面:

按放样次序选择横截面:

按放样次序选择横截面:

按放样次序选择横截面:

输入选项［导向(G)/路径(P)/仅横截面(C)］＜仅横截面＞:

各选项含义如下。

- 导向:使用导向曲线控制放样,每条导向曲线必须与每个截面相交,并且起始于第一个截面,结束于最后一个截面。
- 路径:用于使用一条简单的路径控制放样,该路径必须与全部或部分截面相交。
- 仅横截面:用于只使用截面进行放样,此时打开【放样设置】对话框,可以设置放样横截面上的曲面控制选项,如图 9.38 所示。

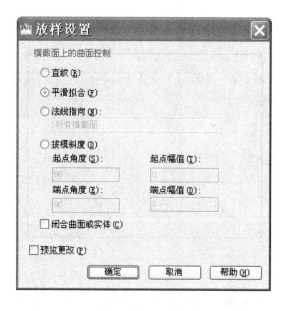

图 9.38　【放样设置】对话框

9.2.4　标注三维对象

在 AutoCAD 中,标注三维对象的尺寸与标注二维图形的方法相同,即使用【标注】下拉菜单或打开【标注】工具栏。由于所有的尺寸标注只能在当前坐标的 *XY* 平面中进行,因此为了准确标注三维对象中各部分的尺寸,需要不断地变换坐标系。

9.3　上机实训

绘制如图 9.39 所示组合体的实体模型(其中所有的孔均为通孔)。

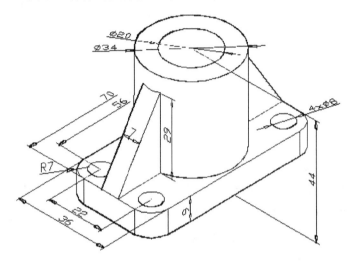

图 9.39　组合体

(1)将视图设置为东南等轴测图,选择【绘图】|【矩形】,绘制长为 36、宽为 70 的矩形。选择【修改】|【圆角】命令,对矩形进行倒圆角,圆角半径为 7,如图 9.40 所示。

(2)利用对象捕捉,捕捉圆心,选择【绘图】|【圆】命令,捕捉圆角的圆心,绘制直径为 8 的圆。选择【修改】|【阵列】,设置 2 行 2 列,行间距为 56,列间距为 22,对圆进行阵列,如图 9.41 所示。

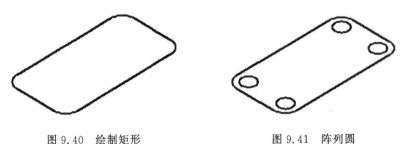

图 9.40　绘制矩形　　　　　　　图 9.41　阵列圆

(3)选择【绘图】|【面域】,将圆和矩形都创建成面域,选择【修改】|【实体编辑】|【差集】,矩形面域减去 4 个小圆的面域。选择【绘图】|【建模】|【拉伸】,将创建好的面域拉伸,高度为 9,如图 9.42 所示。

(4)选择【绘图】|【直线】命令,捕捉中点绘制两条辅助线,选择【工具】|【新建 UCS】|【原点】,捕捉中点,将坐标系移动到两直线的交点处,如图 9.43 所示。

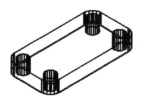
图 9.42　面域拉伸

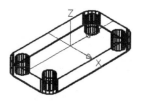
图 9.43　移动坐标系

（5）选择【绘图】|【建模】|【圆柱体】，以坐标原点为圆柱体的底面中心点，绘制直径为34、高度为 35 的圆柱体，如图 9.44 所示。

（6）选择【修改】|【偏移】，将直线沿 X 轴正向偏移 3.5 个单位，选择【绘图】|【圆】命令，以（0，0，0）为圆心，绘制直径为 34 的圆，捕捉偏移后的直线与圆的交点，选择【绘图】|【直线】命令，以该交点为第一点，沿 Z 轴正向绘制长度为 29 的直线。连接端点，消隐后如图 9.45所示。

图 9.44　绘制圆柱体

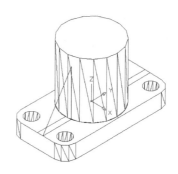
图 9.45　消隐

（7）选择【修改】|【修剪】命令，对图形进行修剪。删除多余线条，如图 9.46 所示。

（8）选择【绘图】|【面域】，将该三角形创建成面域，选择【绘图】|【建模】|【拉伸】，将三角形拉伸，高度为－7，如图 9.47 所示。

图 9.46　修剪

图 9.47　拉伸

（9）标注尺寸，完成图形。

本 章 小 结

本章介绍创建各种类型的三维对象的方法,以及三维实体的显示控制等操作。重点介绍基本三维实体造型和运用拉伸、旋转、放样和扫掠等方法创建特殊实体。通过学习,要求熟练掌握视点的设置方法、三维实体的绘制方法及三维图形的观察方法。

习 题

1. 观察三维图形使用哪些命令?
2. 为什么要建立 UCS 坐标系?
3. 构建三维实体有哪些基本方法?
4. 基本实体的绘制方法使用哪些命令?
5. 绘制如图 9.48 所示的三维实体并标注尺寸。

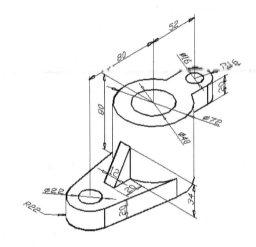

图 9.48 三维实体

第 10 章　实体编辑

教学目标

- 掌握三维实体的编辑
- 掌握三维实体的渲染
- 掌握将三维实体生成二维图形

AutoCAD 不仅提供了丰富的三维造型功能,还具有很强的三维编辑功能。在三维空间中,可以移动、复制、镜像、对齐、阵列三维对象,并可以编辑它们的面、边或体。在绘图过程中,为了使实体对象看起来更加清晰,可以消除图形的隐藏线,但要创建更加逼真的模型图像,就需要对图形进行渲染处理,增加质感。

10.1　编辑三维实体

AutoCAD 2010 系统可以对三维实体进行并集、交集、差集布尔运算,并可以对三维实体进行移动、旋转、镜像、阵列、倒角、剖切等操作,从而构成复杂的实体模型。三维实体编辑菜单如图 10.1 所示,三维操作菜单如图 10.2 所示。

图 10.1　实体编辑

图 10.2　三维操作菜单

10.1.1　三维实体的布尔运算

1. 并集运算

并集运算是指将多个实体组合成一个实体，方法如下。

- 菜单：【修改】|【实体编辑】|【并集】。
- 工具栏：单击工具栏按钮 ⊚。
- 命令行：输入"union"并按回车键。

命令行提示下选择进行并集运算的多个实体，按回车键结束，AutoCAD 将这些实体组合成一个实体。

2. 差集计算

差集计算是指从一些实体中减去另一些实体，从而得到一个新实体，方法如下。

- 菜单：【修改】|【实体编辑】|【差集】。
- 工具栏：单击工具栏按钮 ⊚。
- 命令行：输入"subtract"并按回车键。

命令行提示：

选择要从中减去的实体、曲面和面域...

选择对象：

选择要减去的实体、曲面和面域...

选择对象：

按提示选择相应的实体对象，按回车键结束后，AutoCAD 从指定的实体中减去另一个实体，得到新实体。

3. 交集运算

交集运算是指通过各实体的公共部分绘制新实体，方法如下。

- 菜单：【修改】|【实体编辑】|【交集】。
- 工具栏：单击工具栏按钮 ⊚。
- 命令行：输入"intersect"并按回车键。

按提示选择相应的实体对象，按回车键结束得到新实体。

通过布尔运算创建实体如图 10.3 所示。

  (a)　并集   (b)　差集   (c)　交集

图 10.3　通过布尔运算创建实体

10.1.2　三维操作

在 AutoCAD 2010 中,用户可以对三维实体进行三维旋转、三维镜像、三维对齐、三维阵列等操作。

1. 三维移动

三维移动指可以移动三维对象,操作方法如下。

- 菜单:【修改】|【三维操作】|【三维移动】。
- 工具栏:单击工具栏按钮 。
- 命令行:输入"3dmove"并按回车键。

执行命令后,命令行提示:

命令:_3dmove

选择对象:

指定基点或 [位移(D)] <位移>:

指定第二个点或 <使用第一个点作为位移>:

通过指定两点可以移动三维对象,如图 10.4 所示。

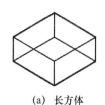 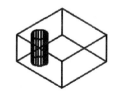

　　(a)　长方体　　　　　　　(b)　圆柱体　　　　(c)　圆柱体移动到长方体内

图 10.4　移动三维实体

2. 三维旋转

三维旋转是指将选定对象绕空间轴旋转指定的角度,操作方法如下。

- 菜单:【修改】|【三维操作】|【三维旋转】。
- 工具栏:单击工具栏按钮 。
- 命令行:输入"3drotate"并按回车键。

执行命令后,命令行提示:

UCS 当前的正角方向:　ANGDIR = 逆时针　ANGBASE = 0

选择对象:

指定基点:

拾取旋转轴:

指定角的起点或键入角度:

指定角的端点:

在执行命令过程中,基点处显示三维球,红色代表 X 轴,绿色代表 Y 轴,蓝色代表 Z 轴,可以在球体经纬、赤道圆上选择旋转的轨迹,如图 10.5 所示。

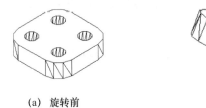

(a) 旋转前　　　　　　　　　　(b) 绕X轴旋转−30°后

图 10.5　旋转三维实体

3. 三维镜像

在三维空间中指定对象相对于某一平面镜像,操作方法如下。

- 菜单:【修改】|【三维操作】|【三维镜像】。
- 命令行:输入"mirror3d"并按回车键。

执行命令后,命令行提示:

选择对象:

指定镜像平面(三点)的第一个点或

[对象(O)/最近的(L)/Z 轴(Z)/视图(V)/XY 平面(XY)/YZ 平面(YZ)/ZX 平面(ZX)/三点(3)]<三点>:

指定 YZ 平面上的点 <0,0,0>:

是否删除源对象? [是(Y)/否(N)]<否>:

默认情况下,可以通过指定平面上的三点确定镜像面。各选项含义如下。

- 对象(O):用指定对象所在的平面作为镜像面,可以是圆、圆弧或二维多段线。
- 最近的(L):用上一次定义的镜像面当做当前镜像面。
- Z 轴(Z):通过确定平面上的一点和该平面法线上的一点来定义镜像面。
- 视图(V):将当前视图平面平行的面作为镜像面。
- XY 平面(XY)/YZ 平面(YZ)/ZX 平面(ZX):分别用与当前 UCS 的 XY、YZ、ZX 面平行的平面作为镜像面。

镜像前后图形如图 10.6 所示。

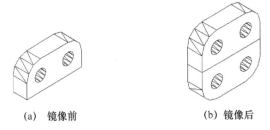

(a) 镜像前　　　　　　　　　　(b) 镜像后

图 10.6　镜像三维实体

4. 三维阵列

在三维空间中使用环形阵列或矩形阵列方式复制对象,操作方法如下。

- 菜单:【修改】|【三维操作】|【三维阵列】。
- 工具栏:单击工具栏按钮 。

- 命令行:输入"3darray"并按回车键。

执行命令后,命令行提示:

选择对象:

输入阵列类型［矩形(R)/环形(P)］＜矩形＞:

输入行数（－－－）＜1＞:2

输入列数（|||）＜1＞:2

输入层数（...）＜1＞:2

指定行间距（－－－）:20

指定列间距（|||）:20

指定层间距（...）:20

命令行提示信息与二维操作类似,只是增加了【层】的数量和【层间距离】的选择,如图 10.7 所示。

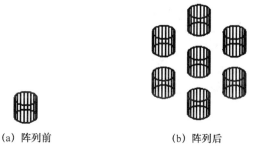

(a) 阵列前　　　　　　　　　　(b) 阵列后

图 10.7　阵列三维实体

5. 对齐

对齐操作是三维移动和旋转的配合操作,它能使指定对象与其他的对象进行点对点的对齐,同时也可以实现对象的移动和拉伸,操作方法如下。

- 菜单:【修改】|【三维操作】|【对齐】。
- 命令行:输入"align"并按回车键。

执行命令后,命令行提示:

命令:_align

选择对象:找到 1 个

选择对象:

指定第一个源点:

指定第一个目标点:

指定第二个源点:

指定第二个目标点:

指定第三个源点或＜继续＞:

是否基于对齐点缩放对象?［是(Y)/否(N)］＜否＞:

对齐前后效果如图 10.8 所示。

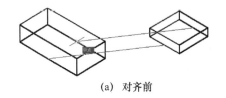 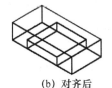

(a) 对齐前　　　　　　　　　　　　　(b) 对齐后

图 10.8　对齐三维实体

6. 三维对齐

三维对齐操作方法如下。

- 菜单:【修改】|【三维操作】|【三维对齐】。
- 工具栏:单击工具栏按钮 。
- 命令行:输入"3dalign"并按回车键。

执行命令后,可以对齐三维对象。对齐对象时需要确定 3 对点,每对点都包括一个源点和一个目的点。其中第一对点定义对象的移动,第二对点定义 2D 或三维变换和对象的旋转,第三对点定义对象的不明确的三维变换。

命令行提示:

选择对象:

指定源平面和方向 ...

指定基点或［复制(C)］:

指定第二个点或［继续(C)］＜C＞:

指定第三个点或［继续(C)］＜C＞:

指定目标平面和方向 ...

指定第一个目标点:

指定第二个目标点或［退出(X)］＜X＞:

指定第三个目标点或［退出(X)］＜X＞:

7. 干涉检查

干涉检查是指对对象进行干涉运算,把实体保留下来,并用两个实体的交集生成新的实体。操作方法如下。

- 菜单:【修改】|【三维操作】|【干涉检查】。
- 工具栏:单击工具栏按钮 。
- 命令行:输入 interfere 并按回车键。

按提示选择相应的实体对象,按回车键结束得到新实体。结果如图 10.9 所示。

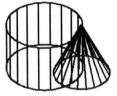 

(a) 干涉检查前　　　　　　　　　　　(b) 干涉检查后

图 10.9　通过干涉检查制作实体

8. 剖切实体

剖切指可以用平面切断一实体,并可指定保留被切实体的一边或两边。绘制方法如下。

- 菜单:【修改】|【三维操作】|【剖切】。
- 工具栏:单击工具栏按钮 。
- 命令行:输入 slice 并按回车键。

命令行提示:

选择要剖切的对象:

指定切面的起点或[平面对象(O)/曲面(S)/Z 轴(Z)/视图(V)/ XY(XY)/YZ(YZ)/ZX(ZX)/三点(3)]<三点>:

指定平面上的第二个点:

在所需的侧面上指定点或[保留两个侧面(B)]<保留两个侧面>:

执行命令后,实体被剖切,如图 10.10 所示。

(a) 剖切前　　　　　　　　(b) 剖切后

图 10.10　剖切三维实体

9. 加厚

选择【修改】|【三维操作】|【加厚】命令,可以为曲面添加厚度,使其成为一个实体,如图 10.11 所示。

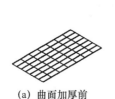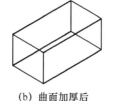

(a) 曲面加厚前　　　　　　　　(b) 曲面加厚后

图 10.11　将三维曲面创建为实体

10.1.3　编辑实体面

在 AutoCAD 中,使用【修改】|【实体编辑】菜单中的子命令,可以对实体面进行拉伸、移动、偏移、删除、旋转、倾斜、着色和复制等操作。【实体编辑】工具栏如图 10.12 所示。

图 10.12　【实体编辑】工具栏

1. 拉伸面

拉伸命令可以对所选实体的某个(或多个)表面按照指定的距离和角度进行拉伸,还可以沿某一路径拉伸。可以选择直线、圆、圆弧、椭圆、椭圆弧、多段线或样条曲线作为路径,路径不能和选定的面位于同一个平面,也不能有大曲率的区域。沿指定的直线或曲线拉伸实体对象的面,选定面上的所有轮廓都沿着选定的路径拉伸。

以图 10.13 为例,拉伸实体对象上的面的操作步骤如下。

(1) 执行菜单命令【修改】|【实体编辑】|【拉伸面】。

(2) 选择要拉伸的面 1。

(3) 选择其他面或按回车键结束选择。

(4) 指定拉伸高度。

(5) 指定倾斜角度。

(6) 按回车键完成命令。

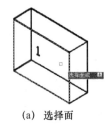 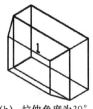

(a) 选择面 (b) 拉伸角度为30°

图 10.13 拉伸面

2. 移动面

表面移动命令可以对所选实体的某个表面在不改变其方向的情形下进行移动,利用该命令可以方便地改变实体上的孔、槽等的位置。还可以使用【捕捉】模式、坐标和对象捕捉以精确地移动选定的面。

以图 10.14 为例,移动实体对象中面的操作步骤如下。

(1) 执行菜单命令【修改】|【实体编辑】|【移动面】。

(2) 选择要移动的面 1。

(3) 选择其他面或按回车键结束选择。

(4) 指定移动的基点 2。

(5) 指定位移的第二点 3。

(6) 按回车键完成命令。

(a) 选定的面 (b) 选定的基点和第二点 (c) 移动后的面

图 10.14 移动面

3. 偏移面

偏移面命令可以按指定的距离均匀地偏移所选择的面,通过将现有的面从原始位置向内或向外偏移指定的距离可以创建新的面(沿面的法线偏移,或向曲面或面的正侧偏移)。例如,可以偏移实体对象上较大的孔或较小的孔,指定正值将增大实体的尺寸或体积,指定负值将减小实体的尺寸或体积。

以图 10.15 为例,偏移实体对象上面的操作步骤如下。

(1) 执行菜单命令【修改】|【实体编辑】|【偏移面】。

(2) 选择要偏移的面 1。

(3) 选择其他面或按回车键结束选择。

(4) 指定偏移距离。

(5) 按回车键完成命令。

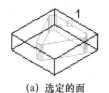 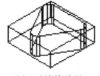 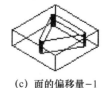

(a) 选定的面　　　　　　(b) 面的偏移量1　　　　　(c) 面的偏移量−1

图 10.15　偏移面

4. 删除面

删除面命令可以从三维实体对象上删除面或倒角。

以图 10.16 为例,删除对象上面的操作步骤如下。

(1) 执行菜单命令【修改】|【实体编辑】|【删除面】,或使用工具栏相应按钮,或在命令行键入"solidedit"命令再按提示输入【D】项。

(2) 选择要删除的面 1(倒角部分)。

(3) 按回车键完成命令。

 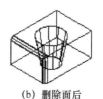

(a) 选定的面　　　　　　(b) 删除面后

图 10.16　删除面操作

5. 旋转面

旋转面命令通过选择基点和相对(或绝对)旋转角度,可以旋转实体上选定的面或特征集合。所有三维面都绕指定轴旋转,由当前 UCS 和 ANGDIR 系统变量设置确定旋转的方向。可以根据两点指定旋转轴的方向,也可以指定对象、X、Y 或 Z 轴或者当前视图的 Z 方向确定旋转轴的方向。

以图 10.17 为例,旋转实体上面的操作步骤如下。

(1) 执行菜单命令【修改】|【实体编辑】|【旋转面】。

(2) 选择要旋转的面 1。

(3) 选择其他面或按回车键结束选择。

(4) 输入 Z 表示轴点。

也可以指定 X 轴或 Y 轴、两个点(定义旋转轴),或通过对象指定轴(将旋转轴与现有对象对齐)从而定义轴点。轴的正方向是从起点到端点,并按照右手定则进行旋转,除非在

207

ANGDIR 系统变量中设置为相反方向。

(5) 指定旋转角度。

(6) 按回车键完成命令。

  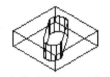

(a) 选定的面　　　　　　(b) 选定的旋转角　　　　(c) 绕Z轴旋转35°后的面

图 10.17　旋转面

6. 倾斜面

倾斜面命令可以沿矢量方向以扫掠斜角倾斜面。以正角度倾斜选定的面将向内倾斜面，以负角度倾斜选定的面将向外倾斜面。避免使用太大的倾斜角度，如果角度过大，轮廓在到达指定的高度前可能就已经倾斜成一点，系统将拒绝这种倾斜。

以图 10.18 为例，倾斜实体对象上面的操作步骤如下。

(1) 执行菜单命令【修改】|【实体编辑】|【倾斜面】。

(2) 选择要倾斜的面 1。

(3) 选择其他面或按回车键结束选择。

(4) 指定倾斜的基点 2。

(5) 指定轴上第二点 3。

(6) 指定倾斜角度。

(7) 按回车键完成命令。

 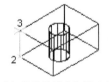

(a) 选定的面　　　　　　(b) 选定的基点和第二点　　　　(c) 倾斜10°后的面

图 10.18　倾斜面

7. 着色面

着色面命令可以修改三维实体对象上面的颜色。系统提供从 7 种标准颜色中选择颜色，也可以从【选择颜色】对话框中选择。指定颜色时，可以输入颜色名或输入一个 Auto-CAD 颜色索引编号，即从 1~255 的整数。设置面的颜色将覆盖实体对象所在图层的颜色设置。

修改实体对象面的颜色的操作步骤如下。

(1) 执行菜单命令【修改】|【实体编辑】|【着色面】。

(2) 选择要修改其颜色的面。

(3) 选择其他面或按回车键结束选择。

(4) 在【选择颜色】对话框中选择一种颜色，然后单击【确定】按钮。

(5) 按回车键完成命令。

8. 复制面

复制面命令可以对所选实体对象上的面复制为面域或体侧面,复制的平面为面域,非平面的复制结果为体侧面。

以图 10.19 为例,复制实体对象上面的操作步骤如下。

(1) 执行菜单命令【修改】|【实体编辑】|【复制面】。

(2) 选择要复制的面 1。

(3) 选择其他面或按回车键结束选择。

(4) 指定复制的基点 2。

(5) 指定位移的第二点 3。

(6) 按回车键完成命令。

 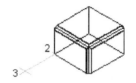 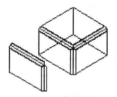

(a) 选定的面　　　　　　(b) 选定的基点和第二点　　　　　　(c) 复制的面

图 10.19　复制面操作

复制时如果指定两个点,系统将使用第一个点作为基点,并相对于基点放置一个副本;如果只指定一个点,然后按回车键,AutoCAD 将使用原始选择点作为基点,下一点作为位移点。

10.1.4　编辑实体边

1. 压印

通过压印圆弧、圆、直线、二维或三维多段线、椭圆、样条曲线、面域、体和三维实体来创建三维实体的新面。例如,如果圆与三维实体相交,则可以压印实体上的相交曲线。可以删除原始压印对象,也可以保留下来以供将来编辑使用。压印对象必须与选定实体上的面相交,这样才能压印成功。

以图 10.20 为例,压印三维实体对象的操作步骤如下。

(1) 执行菜单命令【修改】|【实体编辑】|【压印】。

(2) 选择三维实体对象 1。

(3) 选择要压印的对象 2。

(4) 按回车键保留原始对象,或者按 Y 将其删除。

(5) 选择要压印的其他对象或按回车键结束选择。

(6) 按回车键完成命令。

(a) 选定的实体　　　　　　(b) 选定的对象　　　　　　(c) 实体上压印出的对象

图 10.20　压印操作

2. 着色边

着色边命令可以为三维实体对象的独立边指定颜色,所指定颜色可以从 7 种标准颜色中选择颜色,也可以从【选择颜色】对话框中选择。指定颜色时,可以输入颜色名或一个 AutoCAD 颜色索引编号,即从 1～255 的整数。设置边的颜色将覆盖实体对象所在图层的颜色设置。

修改实体对象边的颜色的操作步骤如下。

(1) 执行菜单命令【修改】|【实体编辑】|【着色边】。

(2) 选择面上要修改颜色的边。

(3) 选择其他边或按回车键结束选择。

(4) 在【选择颜色】对话框中选择一种颜色,然后单击【确定】按钮。

(5) 按回车键完成命令。

3. 复制边

使用复制边命令可以复制三维实体对象的各个边。所有的边都复制为直线、圆弧、圆、椭圆或样条曲线对象。

以图 10.21 为例,复制实体对象的边的操作步骤如下。

(1) 执行菜单命令【修改】|【实体编辑】|【复制面】。

(2) 选择面上要复制的边 1。

(3) 选择其他边或按回车键结束选择。

(4) 指定移动的基点 2。

(5) 指定位移的第二点 3。

(6) 按回车键完成命令。

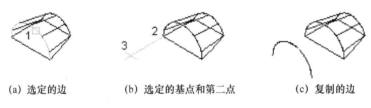

(a) 选定的边   (b) 选定的基点和第二点   (c) 复制的边

图 10.21　复制边操作

复制边时如果指定两个点,系统将使用第一个点作为基点,并相对于基点放置一个副本;如果只指定一个点,然后按 Enter 键,AutoCAD 将使用原始选择点作为基点,下一点作为位移点。

10.1.5　实体清除、分割、抽壳与检查

1. 清除

如果边的两侧或顶点共享相同的曲面或顶点定义,那么可以删除这些边或顶点。AutoCAD 将检查实体对象的体、面或边,并且合并共享相同曲面的相邻面。三维实体对象上所有多余的、压印的以及未使用的边都将被删除。

(a) 选定的实体   (b) 清除后的实体

图 10.22　清除操作

以图 10.22 为例,清除三维实体对象的操作步骤如下。

（1）执行菜单命令【修改】|【实体编辑】|【清除】。

（2）选择三维实体对象 1。

（3）按回车键完成命令。

2. 分割

使用分割命令可以将组合实体分割成零件,将三维实体分割后,独立的实体将保留原来的图层和颜色。所有嵌套的三维实体对象都将分割成最简单的结构。

分割三维实体对象的操作步骤如下。

（1）执行菜单命令【修改】|【实体编辑】|【分割】。

（2）选择三维实体对象。

（3）按回车键完成命令。

3. 抽壳

利用抽壳命令可以将一个三维实体模型在选择的方向,按照指定的厚度抽壳成空心的壳体。常用于生成一些箱体等中空零件。

以图 10.23 为例,抽壳操作的步骤如下。

（1）执行菜单命令【修改】|【实体编辑】|【抽壳】。

（2）选择三维实体对象。

（3）指定抽壳偏移值。正的偏移值在面的正方向上创建抽壳,负的偏移值在面的负方向上创建抽壳。

（4）按回车键完成命令。

(a) 选定实体　　　(b) 抽壳偏移值为 2　　(c) 抽壳偏移值为 −2

图 10.23　抽壳操作

4. 检查

可以检查实体对象是否是有效的三维实体对象。对于有效的三维实体,对其进行修改不会导致出现失败错误信息。如果三维实体无效,则不能编辑对象。

检查操作的步骤如下。

（1）执行菜单命令【修改】|【实体编辑】|【检查】。

（2）选择三维实体对象。

（3）按回车键完成命令。

在 AutoCAD 2010 中,基本的三维实体在选中状态下,特殊控制点以小箭头的形式显示,用鼠标按住并拖动这些控制点,形体相应的元素随着变化,可以方便地进行放大、缩小、拉伸三维实体的操作。

10.1.6　对实体倒角和圆角

1. 对实体倒角

使用倒角命令,可以对实体的棱角修倒角,从而在两相邻曲面间生成一个平坦的过渡面。该命令与二维倒角命令是同一命令,只是在选择对象选取的是三维实体时,则命令提示为三维操作。命令提示及选项如下。

命令:_chamfer

(【修剪】【模式】)当前倒角距离 1 = 10.0000,距离 2 = 10.0000

选择第一条直线或[放弃(U)/多段线(P)/距离(D)/角度(A)/修剪(T)/方式(E)/多个(M)]:

基面选择...

输入曲面选择选项[下一个(N)/当前(OK)] <当前(OK)>:

指定基面的倒角距离 <10.0000>:

指定其他曲面的倒角距离 <10.0000>:

选择边或[环(L)]:

执行倒角命令,可将实体结合面的边缘做出倒角,如图 10.24 所示。

2. 对实体倒圆角

选择【修改】|【圆角】命令,可以对实体的棱角修圆角,从而在两相邻曲面间生成一个圆滑过渡的曲面。在为几条交于同一个点的棱边修圆角时,如果圆角半径相同,则会在该公共点上生成球面的一部分。该命令与二维倒圆角命令是同一命令,只是当选择对象选取的是三维实体,则命令提示为三维操作。

使用倒圆角命令,可将实体结合面的边缘做出圆角,如图 10.25 所示。

(a) 长方体倒角　　(b) 圆柱倒角　　　　(a) 长方体圆角　　(b) 圆柱圆角

图 10.24　实体边缘倒角　　　　图 10.25　实体边缘圆角

10.2　渲染图形

10.2.1　渲染图标工具

图 10.26　【渲染】工具栏

在实体造型中,可以通过菜单或工具栏对实体进行渲染,各图标工具如图 10.26 所示,单击各图标可以执行相应命令。

10.2.2　渲染下拉菜单

选择【视图】|【渲染】下拉菜单中也可以进行光源、材质等设置,并进行渲染,如图 10.27 所示。

图 10.27 与渲染有关的下拉菜单

1.【渲染】

快速渲染图形对象,选择【视图】|【渲染】|【渲染】,可以在打开的渲染窗口中快速渲染当前视口中的图形。如图 10.28 所示,渲染窗口显示了当前视图中图形的渲染效果,在右边的列表中显示了图像的信息,下面的列表中显示了当前渲染图像的文件名称、大小、渲染时间等信息,用户可以在【输出文件名称】文本区域中右击某一渲染图形,弹出一个快捷菜单,可以选择保存、再次渲染等,如图 10.29 所示。

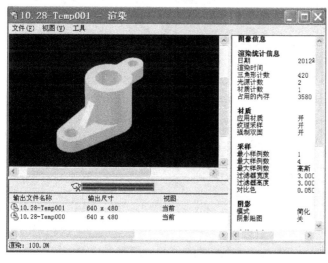

图 10.28 渲染图形

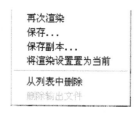

图 10.29 渲染图形的快捷菜单

2.【光源】

光源由强度和颜色两个因素决定,可以使用自然光、点光源、平行光源及聚光灯光源照亮物体的特殊区域。

在 AutoCAD 2010 中,命令行输入"light",或选择【视图】|【渲染】|【光源】菜单中的子命令,可以创建和管理光源,如图 10.30 所示。

各项子命令的功能如下。

(1)【新建点光源】:创建点光源时,指定了光源位置后,还可以设置光

图 10.30 【光源】子命令

源的名称、强度、状态、阴影等选项,此时命令行提示:

输入要更改的选项[名称(N)/强度(I)/状态(S)/阴影(W)/衰减(A)/颜色(C)/退出(X)]＜退出＞:

(2)【新建聚光灯】:创建聚光灯时,当指定了光源位置和目标位置后,还可以设置光源的名称、强度、状态、聚光角、照射角等选项,此时命令行提示:

输入要更改的选项[名称(N)/强度(I)/状态(S)/聚光角(H)/照射角(F)/阴影(W)/衰减(A)/颜色(C)/退出(X)]＜退出＞:

(3)【新建平行光】:创建平行光时,当指定了光源的矢量方向后,还可以设置光源的名称、强度、状态、阴影、颜色等选项,此时命令行提示:

输入要更改的选项[名称(N)/强度(I)/状态(S)/阴影(W)/颜色(C)/退出(X)]＜退出＞:

(4)【光源列表】:打开【模型中的光源】选项板,查看创建的光源,如图 10.31 所示。

(5)选择【渲染】工具栏中的【地理位置】⊙命令,打开【地理位置】对话框,可以设置光源的地理位置,如纬度、经度、北向以及地区等,如图 10.32 所示。

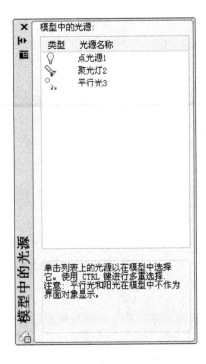

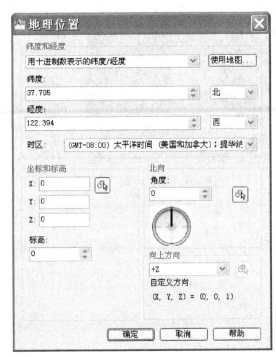

图 10.31 【模型中的光源】选项板　　图 10.32 【地理位置】对话框

(6)选择【光线轮廓】命令,可以设置是否显示光线的轮廓。

(7)选择【阳光特性】命令,可以打开【阳光特性】选项板,对阳光的特性进行编辑,如图 10.33 所示。

3.【材质】

在渲染对象时,使用材质可以增强模型的真实感。在 AutoCAD 2010 中,选择【视图】

【渲染】|【材质】命令,打开【材质】选项板,可以为对象选择并附加材质,如图 10.34 所示。

图 10.33 【阳光特性】选项板

图 10.34 【材质】选项板

(1)【图形中可用的材质】:单击【样例几何体】按钮 可以设置样例的形式,如球体、圆柱体和立方体 3 种;单击【交错参考底图开/关闭】按钮 ,显示或关闭交错参考底图;单击【创建新材质】按钮 ,可以创建新材质样例;单击【从图形中清除】按钮 ,清除材质列表框中选中的材质;单击【将材质应用到对象】按钮 ,将选中的材质应用到图形对象上。

(2)在【材质编辑器】选项区域中,在【样板】下拉列表框中选择一种材质样板后,可以设置材质的漫射、反光度、自发光等参数。

4.【贴图】

在渲染图形时,可以将材质映射到对象上,称为贴图。选择【视图】|【渲染】|【贴图】中的子命令,可以创建平面贴图、长方体贴图、柱面贴图和球面贴图,如图 10.35 所示。

5.【渲染环境】

选择【视图】|【渲染】|【渲染环境】命令,可以对对象进行雾化处理,打开【渲染环境】对话框,当打开【启用雾化】时,可以设置使用雾化背景、颜色、雾化的近距离、近处雾化百分率及远处雾化百分率等雾化格式,如图 10.36 所示。

6.【高级渲染设置】

选择【视图】|【渲染】|【高级渲染设置】命令,打开【高级渲染设置】选项板,可以设置渲染高级选项,如图 10.37 所示。

图 10.35 【贴图】子菜单   图 10.36 【渲染环境】对话框

在【选择渲染预设】下拉列表框中,可以选择预设的渲染类型,在参数区中,可以设置该渲染类型的光线跟踪、间接发光、诊断、处理等参数。

渲染后的效果如图 10.38 所示,还可以以 BMP 图片格式保存渲染结果。

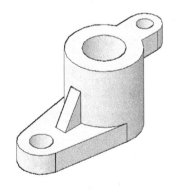

图 10.37 【高级渲染设置】选项板   图 10.38 渲染效果

10.3 由三维实体生成二维平面图形

在 AutoCAD 2010 中,能方便地在布局中使用正投影法创建浮动视口来生成三维实体的视图与剖视图。

10.3.1 布 局

应用 AutoCAD 已有的布局,直接选择绘图窗口下面的布局标签,一般 AutoCAD 提供布局 1 和布局 2 两个布局形式,如图 10.39 所示。

图 10.39 AutoCAD 模型和布局标签

创建新的布局方式如下:在下拉菜单中选择【插入】|【布局】|【创建布局向导】,如图 10.40 所示,出现【创建布局】对话框,如图 10.41 所示。根据对话框中的要求,完成布局命名、打印机设置、图纸尺寸和方向设置、标题栏设置,在定义视口时,根据情况选择视口比例。

图 10.40 下拉菜单中创建布局向导

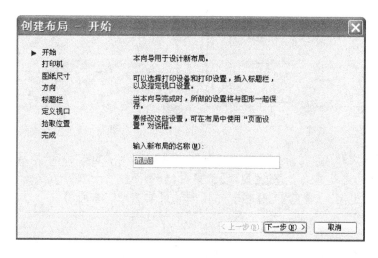

图 10.41 创建布局

10.3.2 三维实体生成二维图形

操作步骤如下。

(1) 在模型空间创建三维实体,如图 10.42 所示。

(2) 在状态栏中选择布局 1,进入布局界面,如图 10.43 所示。删除立体图及边框,界面只留虚线框。

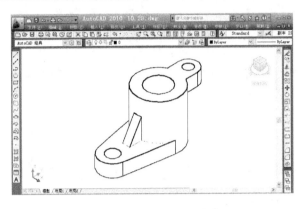

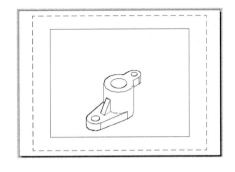

图 10.42　创建三维实体　　　　　　　　图 10.43　进入布局

（3）调出【视口】工具栏，或在下拉菜单选择【视图】|【视口】|【新建视口】，打开【视口】对话框，选择 4 个相等视口，如图 10.44 所示。

（4）单击第一个视口，此视口处于选中状态。在【设置】框中选择【三维】，在【修改视图】框中选择【前视】，则第一视口生成主视图，依次将第二视口变为左视图，第三视口变为俯视图，第四视口变为等轴测，如图 10.45 所示。

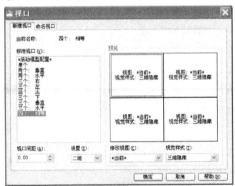

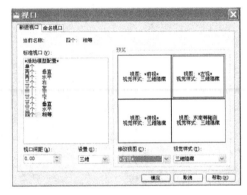

图 10.44　新建 4 个视口　　　　　　　　图 10.45　生成主视图

（5）单击【确定】按钮，在命令行提示下，直接按回车键，生成如图 10.46 所示的 4 个视图。

（6）依次单击各个视口，通过【视口】工具栏，分别调整 4 个视口的比例，其中，必须将三视图设成相同的比例。【视口】工具栏和三视图效果如图 10.47 所示。

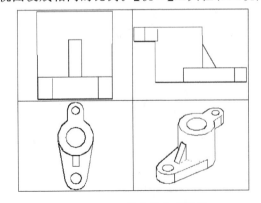

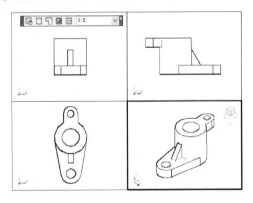

图 10.46　三维实体生成视图　　　　　图 10.47　【视口】工具栏和三视图效果

10.4　上机实训

绘制如图 10.48 所示的组合体实体,标注图形尺寸,渲染图形,将三维图生成三视图。

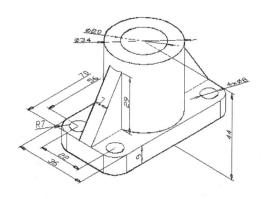

图 10.48　组合体

在第 9 章上机实训中绘制了如图 10.49 所示的部分实体,本章实训将继续绘制该图形。操作步骤如下。

（1）执行【修改】|【三维操作】|【三维镜像】命令,选择楔形体,以 ZX 平面为镜像平面,对图形镜像后,如图 10.50 所示。

图 10.49　部分实体

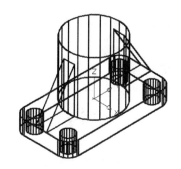

图 10.50　镜像

（2）执行【工具】|【新建 UCS】|【原点】命令,捕捉圆柱体上表面的圆心,将坐标放到圆心处,如图 10.51 所示。

（3）执行【绘图】|【建模】|【圆柱体】命令,圆心坐标为(0,0,0)点,直径为 10,高度为 -44 的圆柱体,如图 10.52 所示。

（4）利用布尔运算,选择【修改】|【实体编辑】|【差集】,将大圆柱体减去小圆柱体,如图 10.53 所示。

（5）重复布尔运算,选择【修改】|【实体编辑】|【并集】,将所有的实体求并集,如图 10.54 所示。

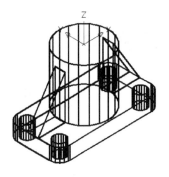

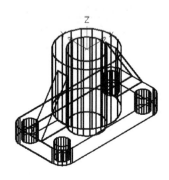

图 10.51　新建 UCS　　　　　图 10.52　创建小圆柱体

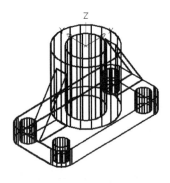

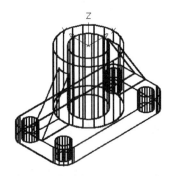

图 10.53　差集　　　　　　　图 10.54　并集

（6）选择【视图】|【消隐】命令，如图 10.55 所示。

（7）对图形进行尺寸标注。新建 UCS，将坐标系放到不同位置上，设置不同的标注样式，完成图形标注，如图 10.48 所示。

（8）渲染图形，如图 10.56 所示。

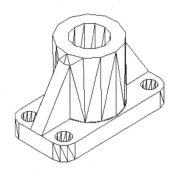

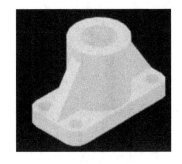

图 10.55　消隐　　　　　　　图 10.56　渲染

（9）将实体生成三视图，如图 10.57 所示。

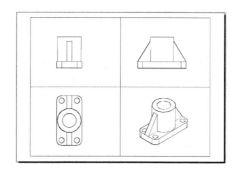

图 10.57　生成三视图

本 章 小 结

　　本章介绍如何编辑三维实体,三维图形对象的渲染及如何将三维图形转换为二维平面图形等操作,重点介绍了三维实体的编辑命令。通过本章学习,应熟练掌握三维实体的编辑、渲染方法,以及如何将三维图形转换为二维平面图形等内容。

习　题

　　绘制如图 10.58 所示的组合体实体,并标注尺寸、进行渲染,最后生成三视图。

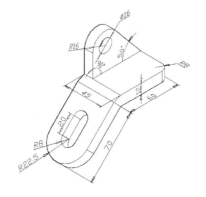

图 10.58　组合体

第 11 章　图形打印输出

教学目标

- 了解模型空间、图纸空间的概念
- 掌握在模型空间、图纸空间中设置视口的方法
- 掌握打印样式表的设置与使用
- 掌握在模型空间中打印图形的方法
- 掌握在图纸空间中组织图形、设置布局及打印输出方法
- 了解电子打印及网上发布

　　AutoCAD 提供了功能完善的图形输入与输出接口,系统不仅可以接收其他应用程序中处理的数据,还可以把信息传送给其他应用程序,也可以直接打印图形,或生成电子图纸以便从互联网上访问。此外,为使用户能够快速有效地共享设计信息,AutoCAD 强化了其 Internet 功能,使其与互联网相关的操作更加方便、高效,可以创建 Web 格式的文件 (DWF),以及发布 AutoCAD 图形文件到 Web 页。

11.1　模型空间与图纸空间

　　使用 AutoCAD 绘制的图形,可以随时在模型空间使用【文件】|【打印】命令打印。但有些情况下,需要在一张图纸中输出图形的多个视图,因此,通常做法是在模型空间设计,在图纸空间打印。绘图窗口底部有一个【模型】选项卡和一个或多个【布局】选项卡,如图 11.1 所示。

11.1.1　模型空间和图纸空间的概念

1. 模型空间

　　模型空间是用户进行设计绘图的工作空间。通常在绘图中,无论是二维图形还是三维图形的查看、绘制与编辑工作,都在模型空间中进行,它为用户提供了一个广阔的区域,不必担心绘图空间是否足够大。系统的默认状态为模型空间。当在绘图过程中只涉及一个视图时,在模型空间即可以完成图形的绘制、打印等操作。

打开【模型】选项卡后,十字光标在整个图形区域都处于激活状态,如图 11.2 所示。利用模型空间,可以完成二维物体或三维物体的绘制造型,也可以根据需求用多个二维视图或三维视图来表达物体,以及标注尺寸或文字说明等,最终完成全部工作。

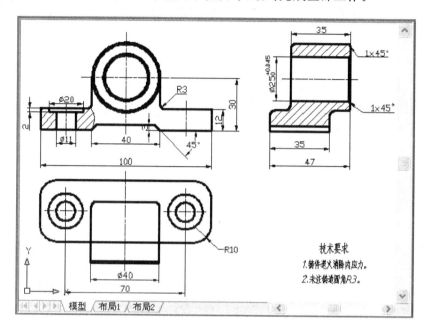

图 11.1 【模型】和【布局】选项卡

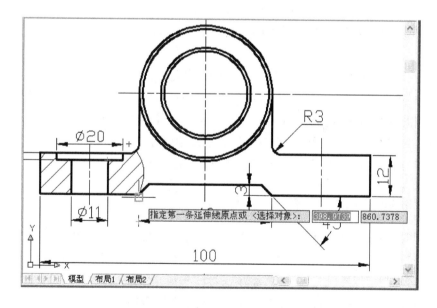

图 11.2 在【模型】空间进行编辑、查看

2. 图纸空间(布局)

如图 11.3 所示,图纸空间是指将屏幕分为一个或多个窗口同时观察模型,每个窗口可以看做是由一张图纸构成的平面,且该平面与绘图区平行。图纸空间上的所有图纸均为平

面图,不能从其他角度观看图形。利用图纸空间,可以把在模型空间中绘制的三维模型在同一张图纸上以多个视图的形式排列(如主视图、俯视图、左视图等),以便在同一张图纸上输出它们,而且这些视图可以采用不同的比例,而在模型空间则无法实现这一点。

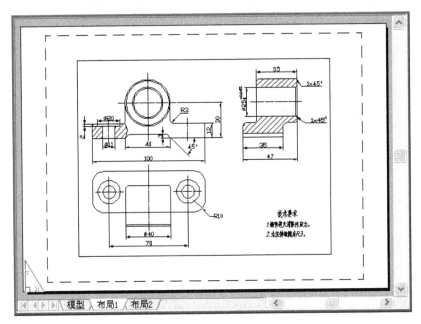

图 11.3　在【图纸】空间进行编辑、查看

在图纸空间可以建立一个或多个布局。所谓布局,就是模仿的一张图纸,是图纸空间的绘图环境。每一个布局与输出的一张图纸相对应。在布局中通常安排有文字注释、标题栏等。

在布局上可以根据需要建立浮动视口,浮动视口是图纸空间的实体,它的形状、数量、大小及位置可根据需要设定,也可以随时调整,每个浮动视口可以有自己的显示比例。浮动视口之间可以相互重叠,在浮动视口中可以分别控制层的可见性。打印输出时,所有打开的视口的可见内容都被打印。通过浮动视口,可以观察、编辑在模型空间建立的模型。在一个浮动视口中所作的修改,将影响各个浮动视口的显示内容。

11.1.2　模型空间和图纸空间的切换

模型空间主要用于创建、编辑和查看图形等操作。模型空间可以建立多个平铺视口,提高绘图者的工作效率。而图纸空间主要是控制打印输出,调整图形的实际输出尺寸大小,在图纸空间中可以创建浮动视口,可以添加标题栏或其他几何图形,模拟显示中的图纸页面,提供直观的打印设置,并且可以创建多个布局以显示不同视图。

(1) 从模型空间切换到图纸空间,可以使用以下方法。

- 单击绘图窗口下方的【布局 1】、【布局 2】标签。
- 单击状态栏最右侧的【模型】按钮,该按钮切换成【图纸】。
- 在命令行输入"tilemode",按 Enter 键＋数字键 0。

（2）从图纸空间切换到模型空间，可以使用以下方法。

- 单击绘图窗口下方的【模型】标签。
- 单击状态栏最右侧的【图纸】按钮，该按钮切换成【模型】。
- 布局视口内双击，状态栏中【图纸】切换为【模型】。
- 在命令行输入"model"，按 Enter 键。
- 在命令行输入"tilemode"，按 Enter 键＋数字键 1。

11.2　模型空间打印图形

在模型空间可以建立多个平铺视口以提高绘图者的工作效率。在模型空间中完成图形之后，通过进行页面设置、打印设备及打印样式设置等，然后执行打印命令。

11.2.1　平铺视口设置

1. 视口的概念

视口是指在模型空间中显示图形的某个部分的区域。对较复杂的图形，为了比较清楚地观察图形的不同部分，可以在绘图区域上同时建立多个视口进行平铺，以便显示几个不同的视图。创建多视口时的绘图空间不同，所得到的视口形式也不相同，若当前绘图空间是模型空间，创建的视口称为平铺视口，若当前绘图空间是图纸空间，则创建的视口称为浮动视口。

2. 平铺视口的特点

- 视口是平铺的，它们彼此相邻，大小、位置固定，且不能重叠。
- 当前视口（激活状态）的边界为粗边框显示，光标呈十字形，在其他视口中呈小箭头状。
- 只能在当前视口进行各种绘图、编辑操作。
- 只能将当前视口中的图形打印输出。

3. 新建平铺视口

执行【视图】|【视口】|【新建视口】命令，可以创建新的平铺视口。【新建视口】选项卡中各标签的意义如下。

- 【新名称】：为新建的模型空间视口配置指定名称。如果不输入名称，则新建的视口配置只能应用而不保存。如果视口配置未保存，将不能在布局中使用。
- 【标准视口】：可以创建单一视口，也可以放置多个视口。此时需要指定创建平铺视口的数量和区域。图 11.4 所示的是在模型空间中新建的 3 个视口。
- 【应用于】：将模型空间视口配置应用到整个显示窗口或当前视口。
- 【设置】：指定二维设置或三维设置。如果选择二维，新的视口配置由所有视口中的当前视图来创建。如果选择三维，一组标准正交三维视图将被应用到配置中的视口。
- 【修改视图】：用从列表中选择的视图替换选定视口中的视图。
- 【视觉样式】：将视觉样式应用到视口。

4. 命名视口

执行【视图】|【视口】|【命名视口】命令,可以对平铺视口进行命名。【命名视口】选项卡对话框如图 11.5 所示,各标签的意义如下。

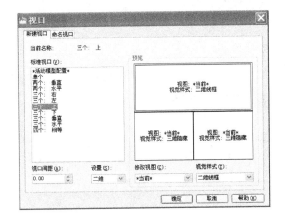

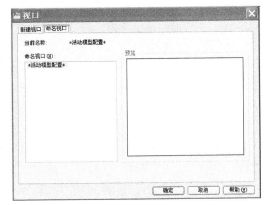

图 11.4　模型空间【视口】对话框　　　　图 11.5　【命名视口】选项卡

- 【当前名称】:显示当前视口配置的名称。
- 【命名视口】:显示图形中任意已保存的视口配置。选择视口配置时,已保存配置的布局显示在【预览】中。

11.2.2　页面设置

在绘图过程中,可通过下列三种方式打开【页面设置管理器】对话框。
- 快捷菜单:右击【模型】标签,选择【页面设置管理器】命令。
- 菜单:【文件】|【页面设置管理器】。
- 命令行:输入"pagesetup"并按回车键。

执行命令后,如图 11.6 所示。该对话框由【当前布局】、【页面设置】、【选定页面设置的详细信息】、【创建新布局时显示】等项目组成。

1.【当前布局】

显示当前要进行设置的页面的名称。

2.【页面设置】选项组

用来选择页面设置的名称。用户可以直接从列表框中选择,也可通过以下方法进行页面设置。

(1) 单击【新建】按钮,弹出如图 11.7 所示的【新建页面设置】对话框,在该对话框中输入新设置页面的自定义名称并为其选定一种基础样式。

(2) 单击【修改】按钮,弹出如图 11.8 所示的【页面设置-模型】对话框,在该对话框中显示选定的页面设置的名称,可以选择打印机/绘图仪、图纸尺寸、打印区域、打印偏移、打印比例、打印样式表、着色视口选项、打印选项、图形方向等页面样式。

- 【打印机/绘图仪】:配置打印设备,并显示该打印设备的相关说明。其中,【名称】下拉列表框提供了多种输出设备和输出方式,单击【特性】按钮弹出所选设备的【绘图仪配置编辑器】对话框,如图 11.9 所示。

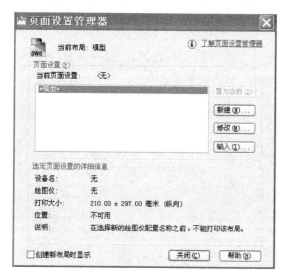

图 11.6　【页面设置管理器】对话框

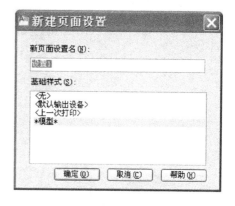

图 11.7　【新建页面设置】对话框

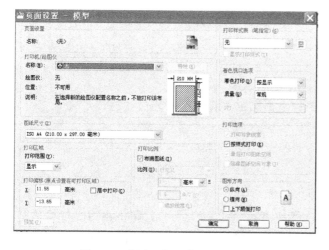

图 11.8　【页面设置-模型】对话框

图 11.9　【绘图仪配置编辑器】对话框

- 【图纸尺寸】:确定图纸的大小。
- 【打印区域】:确定打印区域,包含窗口、图形界限和显示 3 个复选框。
- 【打印偏移】:确定打印图形相对于图纸左下角的偏移量。
- 【打印比例】:确定图形输出的比例,可以勾选【布满图纸】复选框或自定义比例。
- 【打印样式表】:确定赋予模型的与颜色相关的打印样式表。如果在名称下拉列表框选择【无】选项,则【编辑】按钮变成灰色不能编辑,如果在名称下拉列表框中选择其他选项,如 acad.ctb,则【编辑】按钮亮显,单击该按钮则出现如图 11.10 所示的【打印样式表编辑器】对话框,用户可重新进行设置。

- 【着色视口选项】:精确显示相对于图纸尺寸和可打印区域的有效打印区域。
- 【打印选项】:设置打印选项,可选择【打印对象线宽】或【按样式打印】、【最后打印图纸空间】或【隐藏图纸空间对象】。
- 【图形方向】:用于确定图形在图纸上摆放的方向,包含【纵向】、【横向】两个单选按钮和【上下颠倒打印】复选框。

(3) 单击【输入】按钮,弹出如图 11.11 所示的【从文件选择页面设置】对话框,通过该对话框,可以到其他文件夹中去选定一种已经设置好的页面样式。

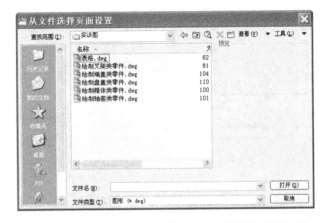

图 11.10 【打印样式表编辑器】对话框　　　　图 11.11 【从文件选择页面设置】对话框

3.【选定页面设置的详细信息】

在此栏内显示出当前所选定的页面设置中所包含的信息。

4.【创建新布局时显示】复选框

勾选此项,则新设置的页面样式会出现在一个新布局中。

11.2.3 打印设备设置

图形输出设备有很多种,常见的有打印机和绘图仪两大类。打印机常指小规格的打印机,绘图仪主要指笔式、滚筒等专用绘图设备。但就目前技术发展而言,绘图仪与打印机都趋向于激光、喷墨输出,已没有明显区别。

图 11.12 【Plotters】对话框

如果不采用系统默认的打印机,就应该将打印机或绘图仪的驱动程序复制到 AutoCAD 2010 的驱动程序目录下,如 C:\AutoCAD 2010\DRV,然后单击菜单【文件】|【绘图仪管理器】选项,打开如图 11.12 所示的【Plotters】对话框。

在该对话框选择合适的打印设备并双击该设备图标,出现如图 11.9 所示的【绘图仪配置编辑器】对话框。在如图 11.12 所示的【Plotters】对话框中选择【添加绘图仪向导】,打开如图 11.13 所示的【添加绘图仪-简介】对话框。

单击【下一步】按钮,依次完成打印机或绘图仪的设置,直至出现如图 11.14 所示的【添加绘图仪-完成】对话框,单击【完成】按钮。当然,不同的输出设备有不同的选项,配置过程也不尽相同,但基本步骤总是一致的,用户应根据自己具体的设备进行设置。

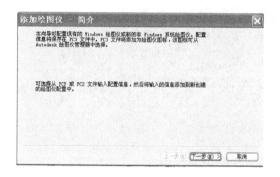

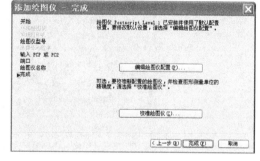

图 11.13　【添加绘图仪-简介】对话框　　　　图 11.14　【添加绘图仪-完成】对话框

Windows 2000/2003/XP 等都会自动安装大多数打印机。根据打印机厂商的说明书,将打印机连接到计算机上正确的端口即可。如果不能使用即插即用安装打印机,或如果打印机连接到带有串口(COM)的计算机上,则打开打印机,双击【添加打印机】图标,启动添加打印机向导,然后单击【下一步】按钮。选择【本地打印机】单选按钮,确认没有选中【自动检测并安装我的即插即用打印机】复选框,然后单击【下一步】按钮。按照屏幕上的指示完成本地打印机的设置:选择打印机端口,选择打印机的厂家和型号,并输入打印机的名称。

11.2.4　打印样式设置

打印样式是通过一个打印样式表控制如何将图形中的对象转换成硬复制输出。用户可以将颜色转换成线宽、区域填充转为灰色或屏幕颜色的阴影,也可以指定线段的端部样式、连接样式、灰度等级,甚至可以使绘图机分别对待图形中的不同对象。

AutoCAD 2010 提供了两种打印样式表:颜色打印样式表和命名打印样式表。

颜色打印样式表允许用户为 AutoCAD 的颜色配置属性。例如,给红色(Red)分配 0.75 mm 的线宽,这样,图形中的所有红色线条将全部以 0.75 mm 的宽度绘出。同时,也可以将笔的颜色设置为黑色,这样,图像中所有红色线条将全部以 0.75 mm 的宽度、黑色线条绘出。

命名打印样式表允许用户直接为图形中的实体对象分配绘制属性,而不管其颜色如何,也允许用户为图层分配属性。如给图形中的某段直线分配为黑色、0.75 mm 的线宽,而不管该直线的颜色如何。

打印样式表文件以"＊.ctb"和"＊.stb"作为后缀扩展名保存。以"＊.ctb"形式保存的为颜色出图样式表,以"＊.stb"形式保存的为命名出图样式表。

打印样式表可以连接到【模型和布局】选项卡。通过布局连接不同的打印样式表,打印时可以得到不同的打印效果。若被连接到模型,则可以在模型空间直接打印。

1. 创建打印样式表

(1) 打开【打印样式管理器】创建打印样式表。该打印样式管理器用于建立、编辑、存储打印样式文件,方法如下。

单击菜单【文件】|【打印机样式管理器】或命令行输入"stylesmanager"并按回车键,打开如图 11.15 所示的【打印样式表】窗口。

图 11.15 【打印样式表】窗口

(2) 用【打印样式表向导】创建打印样式表,方法如下。

单击菜单【工具】|【向导】|【添加打印样式表】,打开【添加打印样式表】对话框,单击【下一步】按钮,然后按照提示,从开始、表类型、浏览到文件名,依次设置或选择不同项目,直到完成所有设置,最后单击【完成】按钮。

设置完成以后,系统自动将刚才的设置用自定义的名称保存起来,以便需要时调用。

2. 连接打印样式表到页面设置

在页面设置过程中,单击如图 11.8 所示的【页面设置-模型】对话框的【打印样式表】选项卡,打开下拉列表,选取所建立的新打印样式表。在页面设置完毕后,单击【确定】按钮,则可将该打印样式连接到所设置的页面中。

3. 编辑打印样式表

1) 编辑颜色打印样式表

在如图 11.15 所示的【打印样式表】窗口中,找到所要编辑的颜色打印样式,双击该颜色打印样式文件图标,则打开颜色【打印样式表编辑器】;或者在如图 11.8 所示的【页面设置-模型】对话框的【打印样式表】选项卡的名称下拉列表框中,选中所要编辑的颜色打印样式,单击【编辑】按钮,AutoCAD 弹出如图 11.10 所示的【打印样式表编辑器】对话框,该对话框有以下三个选项卡。

• 【常规】选项卡:用于显示打印样式表的一般信息,如该打印样式表文件名称、版本等。【说明】文本框用于输入该打印样式的描述;选择【向非 ISO 线型应用全局比例因子】复选框,并输入比例值,表示对非 ISO 线型和填充图案使用全局比例。

- 【表视图】选项卡:列出了各种不同打印样式的属性,包括打印样式的颜色、线型、线宽、封口、直线填充和淡显等。
- 【表格视图】选项卡:用来设置打印样式的属性,这些属性包括颜色、抖动、灰度、笔号、虚拟笔号、淡显、自适应、线宽、端点、连接、填充等。

图 11.16 所示的【表视图】选项卡与图 11.17 所示的【表格视图】选项卡显示的内容一样,只是显示形式有所变化。

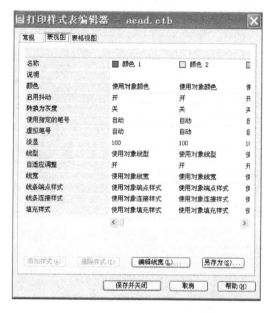

图 11.16　颜色【表视图】选项卡

图 11.17　【表格视图】选项卡

2) 编辑命名打印样式表

在【打印样式表编辑器】中,双击命名打印样式,打开【打印样式表编辑器】,该编辑器与颜色打印样式表基本相同,这里以命名【打印样式表编辑器】对话框的命名【表视图】选项卡为例,如图 11.18 所示,说明命名打印样式表的编辑。

在命名打印样式表中,第一个打印样式为【普通】,它表现实体的默认特性(没有应用打印样式),用户不能修改或删除普通样式。

第二个打印样式为【Style1】,或单击【添加样式】按钮,则屏幕上出现另一个新打印样式,默认名为【样式 2】,这两个打印样式都呈高亮显示,用户可以进行编辑、修改各个属性,表格中各项的含义与颜色打印样式表中各项相同。

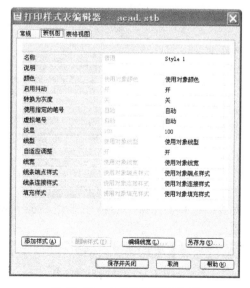

图 11.18　命名【表视图】选项

用同样的方法,可以建立多个新打印样式。设置完毕后,单击【保存并关闭】按钮,保存设置并退出对话框。

4. 修改打印样式

单击标准工具栏中的【对象特性】按钮 ，或单击【工具】|【选项板】|【特性】命令,打开【特性】对话框,通过【打印样式】选项可以修改选中的打印样式。

11.2.5 打印

各项设置完成后,通过以下三种方法可以进行打印。

- 菜单:【文件】|【打印】。
- 工具栏:单击标准工具栏的按钮 。
- 命令行:输入"plot"并按回车键。

命令执行后,打开如图 11.19 所示的【打印-模型】对话框。在该对话框中,可以对【打印机/绘图仪】、【图纸尺寸】、【打印区域】、【打印偏移】、【打印份数】、【打印比例】等各选项进行相应设置。

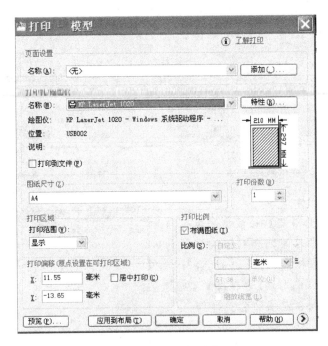

图 11.19 【打印-模型】对话框

1.【打印区域】选项卡

打印区域是用来指定要打印的图形部分,其中【打印范围】下拉列表中共有 4 项可供选择。

- 【窗口】:打印指定区域内的几何图形。这是直接在模型空间打印图形时最常用的方法。单击【窗口】按钮,在【指定第一个角点】提示下,指定打印窗口的第一个角点,在【指定对角点】提示下,指定打印窗口的另一个角点。

- 【范围】:打印整个图形上的所有对象。
- 【图形界限】:打印当前的图形界限,其原点从布局中的(0,0)点计算得出。从【模型】选项卡打印时,将打印图形界限定义为整个图形区域。此选项只能在模型空间中使用。
- 【显示】:打印选定的【模型】选项卡当前视口中的视图或布局中的当前图纸空间视图。该选项仅在打印【当前选项卡】时有效,按照图形窗口的显示情况直接输出图形。

2. 【打印份数】微调按钮

用于设置要打印输出的份数。当勾选【打印到文件】复选框时,此选项不可用。

3. 【预览】按钮

在打印输出图形之前可以预览输出结果,以检查设置是否正确。例如,图形是否都在有效输出区域内等。选择【文件】|【打印预览】命令,或在标准工具栏中单击【打印预览】按钮,可以预览输出结果。

预览后要退出时,应在该预览画面上单击鼠标右键,在打开的快捷菜单中选择【退出】命令,或按 Esc 键或单击工具栏中的【关闭预览窗口】按钮,即可返回【打印-模型】对话框,对预览效果不理想之处进行修改设置或对已经设置好的文件加以调整。

4. 【应用到布局】按钮

将当前的【打印设置】保存到当前布局。设置完毕,预览满意后,单击图 11.19 下方的【确定】按钮,AutoCAD 将按照当前的页面设置、绘图设备设置及绘图样式表等在屏幕上显示最终要输出的图纸并开始打印。

11.3　图纸空间打印图纸

在【模型】空间中完成图形之后,可以通过【布局】选项卡创建要打印的图纸空间。在布局中输出图形前,首先要对打印的图形进行页面设置,然后再输出图形。其设置、输出的命令和操作方法与模型空间相似。

11.3.1　创建布局

在 AutoCAD 中,可以创建多种布局,每个布局都代表一张单独的打印输出图纸。创建新布局后,就可以在布局中创建浮动视口。视口中的各个视图可以使用不同的打印比例,并能够控制视口中图层的可见性。

使用布局向导创建布局的方法及步骤如下。

(1) 选择【工具】|【向导】|【创建布局】命令,打开【创建布局-开始】对话框,将布局命名为【布局 3】,如图 11.20 所示。

(2) 单击【下一步】按钮,在打开的【创建布局-打印机】对话框中,为布局选择配置的打印机。

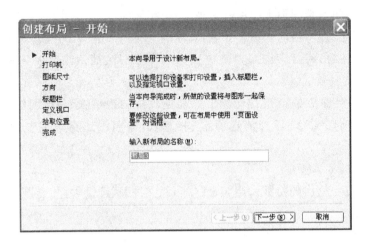

图 11.20 【创建布局-开始】对话框

（3）单击【下一步】按钮，在打开的【创建布局-图纸尺寸】对话框中，选择布局使用的图纸尺寸和图形单位。图纸尺寸要和打印机能输出的图形尺寸相匹配。图形单位可以是毫米、英寸或像素。

（4）单击【下一步】按钮，在打开的【创建布局-方向】对话框中，选择图形在图纸上的打印方向，可以选择【纵向】或【横向】。

（5）单击【下一步】按钮，在打开的【创建布局-标题栏】对话框中，选择图纸的边框和标题栏的样式。对话框右边的预览框中给出了所选样式的预览图像。在【类型】选项组中，可以指定所选择的标题栏图形文件是作为块还是作为外部参照插入到当前图形中。

（6）单击【下一步】按钮，在打开的【创建布局-定义视口】对话框中指定新创建的布局的默认视口的设置和比例等。

（7）单击【下一步】按钮，在打开的【创建布局-拾取位置】对话框中，单击【选择位置】按钮，切换到绘图窗口，并指定视口的大小和位置。

（8）单击【下一步】按钮，在打开的【创建布局-完成】对话框中，单击【完成】按钮，完成新布局及默认的视口创建。

11.3.2 管理布局

右键单击【布局】标签，使用弹出的快捷菜单中的命令，可以删除、新建、重命名、移动或复制布局。

如果以后要修改页面布局，可从快捷菜单中选择【页面设置管理器】命令，通过修改布局的页面设置，将图形按不同比例打印到不同尺寸的图纸中。

11.3.3 布局的页面设置

选择【文件】|【页面设置管理器】命令，打开如图 11.21 所示的【页面设置管理器】对话框。单击【新建】按钮，打开【新建页面设置】对话框，可以在其中创建新的页面设置，如图 11.22 所示。

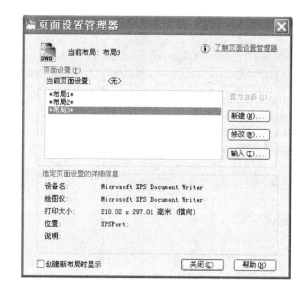

图 11.21　【页面设置管理器】对话框

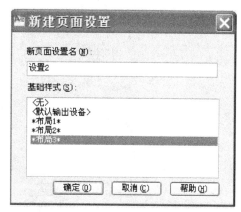

图 11.22　【新建页面设置】对话框

指定的设置与布局一起存储为页面设置。创建布局后,可以修改其设置,或从其他文件夹中输入已设置好的页面设置,还可以将保存的页面设置应用到当前布局或其他布局中。

11.3.4　使用浮动视口

在图纸空间可以创建多个视口,这些视口称为浮动视口。

1. 浮动视口的特点

(1) 视口是浮动的。各视口可以改变位置,也可以相互重叠。

(2) 浮动视口位于当前层时,可以改变视口边界的颜色,但线型总为实线,可以采用冻结视图边界所在图层的方式来显示或不打印视口边界。

(3) 可以将视口边界作为编辑对象,进行移动、复制、缩放、删除等编辑操作。

(4) 可以在各视口中冻结或解冻不同的图层,以便在指定的视图中显示或隐藏相应的图形,尺寸标注等对象。

(5) 可以在图纸空间添加注释等图形对象。

(6) 可以创建各种形状的视口。

(7) 在图纸空间无法编辑模型空间中的对象。如果要编辑模型,必须激活浮动视口,进入浮动模型空间。激活浮动视口的方法有多种,如单击状态栏上的【图纸】按钮或双击浮动视口区域中的任意位置。

2. 删除、新建和调整浮动视口

在布局图中,选择浮动视口边界,然后按 Del 键即可删除浮动视口。删除浮动视口后,使用【视图】|【视口】|【新建视口】命令,可以创建新的浮动视口,此时需要指定创建浮动视口的数量和区域。

可以创建布满整个布局的单一视口,也可以在布局中放置多个视口。图 11.23 所示的是在图纸空间中新建的三个视口。使用【视口】对话框,可以将各种标准的或已命名的视口配置及视图插入到布局中,如图 11.24 所示。

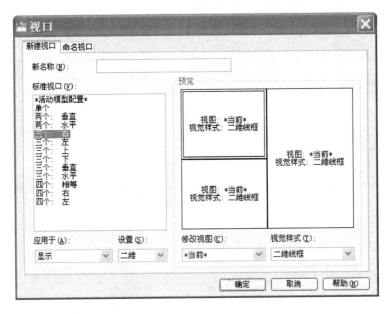

图 11.23　【视口】对话框

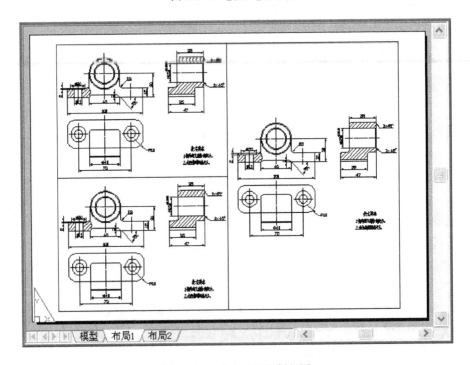

图 11.24　多个视口比例相同

3. 相对图纸空间比例缩放视图

要在打印图形中精确、一致地缩放每一个显示视图,应设置每一个视图相对于图纸空间的比例。缩放或拉伸浮动视口的边界不会改变视口中视图的比例。在布局中工作时,比例因子代表显示在视口中的模型的实际尺寸与布局尺寸的比率。

　　图纸空间单位除以模型空间单位即可以得到此比率。例如,对于 1/4 比例的图形,该比率就是 1 个图纸空间单位相当于 4 个模型空间单位的比例因子(1∶4)。

　　当布局图中使用了多个浮动视口时,就可以为这些视口中的视图建立相同或不同的缩放比例。可选择要修改其缩放比例的浮动视口,使用【特性】选项板、ZOOM 命令或【视口】工具栏更改视口的打印比例,然后对其他的所有浮动视口执行同样的操作,就可以设置一个相同或不同的比例值,如图 11.24、图 11.25 所示。

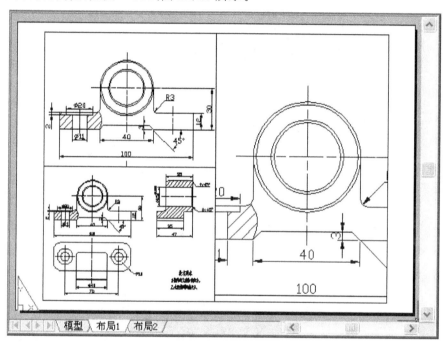

图 11.25　多个视口比例不同

4. 在浮动视口中旋转视图

　　在浮动视口中,执行【mvsetup】命令可以旋转整个视图,如图 11.26 所示。该功能与【rotate】命令不同,【rotate】命令只能旋转单个对象。

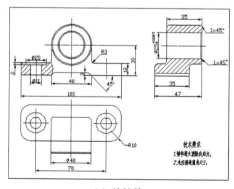

(a) 旋转前

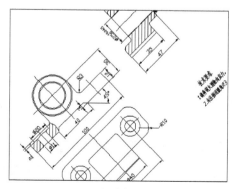

(b) 旋转后

图 11.26　在浮动视口中旋转视图

237

5. 创立特殊形状的浮动视口

在删除浮动视口后,选择【视图】|【视口】|【多边形视口】菜单,创建多边形形状的浮动视口。也可以将图纸空间中绘制的封闭多段线、圆、面域、样条曲线等对象设置为视口边界,这时可选择【视图】|【视口】|【对象】命令来创建,如图 11.27 所示。

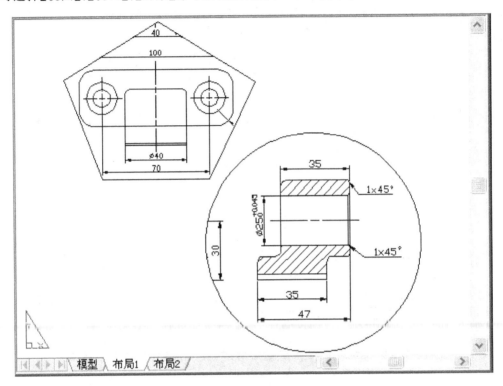

图 11.27　在浮动视口中创立特殊形状的视口

11.3.5　打印图形

创建完图形之后,通常要打印到图纸上,也可以是生成一份电子图纸,以便从互联网上访问。打印的图形可以包含图形的单一视图,或者更为复杂的视图排列。根据不同的需要,可以打印一个或多个视口,或设置选项以决定打印的内容和图像在图纸上的布置。

1. 打印设置

在执行打印操作之前,同样也要进行一系列设置,如打印设备选择、页面设置、打印样式选择等,设置方法与在【模型空间】的设置方法基本相同。

2. 打印预览

在打印输出图形之前可以预览输出结果,以检查设置是否正确。例如,图形是否都在有效输出区域内等。选择【文件】|【打印预览】命令,或在标准工具栏中单击【打印预览】按钮,可以预览输出结果,如图 11.28 所示。

AutoCAD 将按照当前的页面设置、绘图设备设置及绘图样式表等在屏幕上绘制最终要输出的图纸。

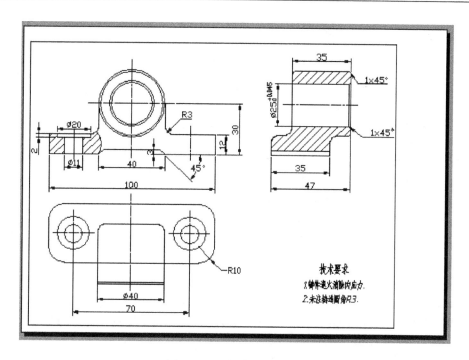

图 11.28　【打印预览】窗口

3. 打印输出图形

当在绘图窗口中选择一个布局选项卡后,选择【文件】|【打印】命令打开【打印】对话框,如图 11.29 所示。在该对话框中,可以检查或更改各项设置,也可进行打印预览。当确认打印设置和预览图形与要求相符后,单击【确定】按钮,AutoCAD 将开始输出图形,并动态显示绘图进度。如果图形输出时出现错误,或用户要中断绘图,可按 Esc 键退出图形输出操作。

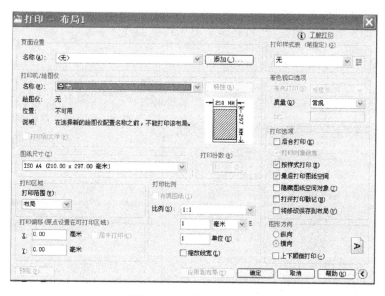

图 11.29　【打印】对话框

11.4 电子打印与发布

11.4.1 发布 DWF 文件

现在，国际上通常采用 DWF(Drawing Web Format)图形文件格式，即 Web 图形格式。通过 AutoCAD 的 ePlot 功能，可将这种格式的电子图形文件发布到 Internet 上。

DWF 文件支持图形文件的实时移动和缩放，并支持控制图层、命名视图和内嵌超级链接显示效果。DWF 文件是矢量压缩格式的文件，可提高图形文件打开和传输的速度，缩短下载时间。以矢量格式保存的 DWF 文件，完整地保留了打印输出属性和超链接信息，并且在进行局部放大时，基本能够保持图形的准确性。

1. 输出 DWF 文件

要输出 DWF 文件，必须先创建 DWF 文件，在这之前还应创建 ePlot 配置文件。选择【文件】|【打印】命令，在【打印机/绘图仪-名称】下拉列表框，里面提供了多种输出设备和输出方式，其中 eplot.pc3 具有网络输出功能。

AutoCAD 包括两个创建 DWF 文件的 eplot.pc3 方式。DWFClassic.pc3 文件创建的 DWF 文件图形背景为黑色，DWFeplot.pc3 文件创建的 DWF 文件图形背景为白色，并带有图纸边界。在使用 ePlot 功能时，系统先按建议的名称创建一个虚拟电子图形。通过 ePlot 可指定多种设置，如指定画笔、旋转和图纸尺寸等，所有这些设置都会影响 DWF 文件的打印外观。设置完毕，DWF 文件即可在任何装有网络浏览器和 WHIP! 4.0 插件的计算机中进行打印输出。

2. 在外部浏览器中浏览 DWF 文件

如果在计算机系统中安装了网络浏览器和 Autodesk WHIP! 4.0(或后继版本)的插件，则可在 Internet Explorer 或 Netscape Communicator 浏览器中查看 DWF 文件。如果 DWF 文件包含图层和命名视图，还可在浏览器中控制其显示特征。

11.4.2 将图形发布到 Web 页

在 AutoCAD 2010 中，执行【文件】|【网上发布】命令，打开【网上发布】向导，如图 11.30 所示，根据提示操作，即使不熟悉 HTML 代码，也可以方便、迅速地创建格式化 Web 页，该 Web 页包含有 AutoCAD 图形的 DWF、PNG 或 JPEG 等格式图像，图 11.31 所示为 AutoCAD 图形的 DWF 格式文件。一旦创建了 Web 页，就可以将其发布到 Internet。

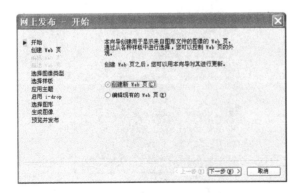

图 11.30 【网上发布】对话框

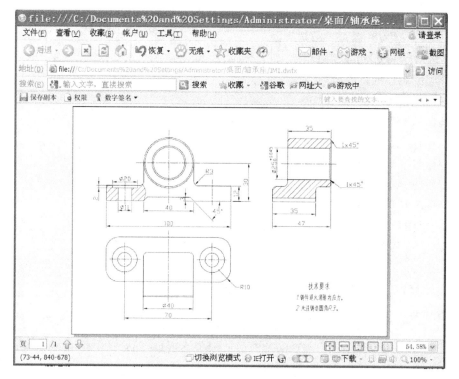

图 11.31　网上发布 DWF 格式图形文件

本 章 小 结

本章重点介绍了 AutoCAD 系统的图形输出功能。使用 AutoCAD 2010，除了创建编辑图形文件外，可将文件保存为默认格式，也可以将其导出为其他格式，或者将其以网页的形式输出，发布到互联网上。作为专业的精确绘图软件，用户创建的图样更多的还是要打印输出，如何创建打印布局、配置绘图设备及绘图输出，如何进行打印机样式的管理，是学习本章后必须掌握的内容。

习 题

一、选择题

1. 关于模型空间和图纸空间，以下_____说法是错误的。

A. 模型空间是一个三维环境，在模型空间中可以绘制、编辑二维图形或三维图形，可以全方位地显示图形图像

B. 图纸空间是一个二维环境，模型空间中的三维对象在图纸空间中是用二维平面上的投影来表示的

C. 图形对象可以在模型空间中绘制，也可以在图纸空间中绘制

D. 视口只能使用图纸空间，不能使用模型空间

2. 下列_____选项不是系统提供的"打印范围"。

A. 窗口   B. 布局界限   C. 范围   D. 显示

3. 通过打印预览,可以看到_____。

A. 打印的图形的一部分

B. 打印的图形的打印尺寸

C. 与图纸打印方式相关的打印图形

D. 在打印页的四周显示有标尺用于比较尺寸

4. 在打印区域选择_____打印方式将当前空间内的所有几何图形打印。

A. 布局或界限   B. 范围   C. 显示   D. 窗口

5. 编辑已经存在的 DWF 打印机配置文件的方法是_____。

A. 在"绘图仪管理器"文件夹配置文件列表中右键单击 DWF 配置文件

B. 在"绘图仪管理器"文件夹配置文件列表中双击 DWF 配置文件

C. A 或 B

D. 已经存在的 DWF 配置文件不能被编辑

二、实训题

要求:

(1) 设置图形输出设备、页面样式、打印样式等,绘制、输出图 11.32 中的内容。

(2) 创建 A3 布局,插入 GbA3 标题栏,并合理布局图形与技术要求,如图 11.33 所示。

(3) 把图 11.32 存为 DWF 格式的文件并进行网上发布。

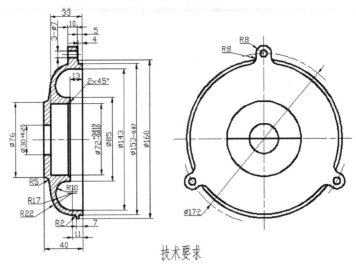

图 11.32 零件图

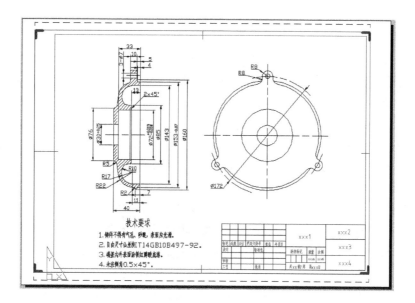

图 11.33　布局

参 考 文 献

[1] 九州书源. AutoCAD 2010 绘图基础. 北京:清华大学出版社,2011.

[2] 王技德,胡宗政. AutoCAD 机械制图教程. 大连:大连理工大学出版社,2010.

[3] 张日晶,路纯红,王渊峰. AutoCAD 2010 建筑设计. 北京:机械工业出版社,2010.

[4] 陈志民. AutoCAD 2010 机械绘图实例教程. 北京:机械工业出版社,2009.

[5] 黄仕君. AutoCAD 2008 实用教程. 北京:北京邮电大学出版社,2008.

[6] 薛炎,王新平. 中文版 AutoCAD 2008 基础教程. 北京:清华大学出版社,2007.

[7] 胡腾,李增民. 精通 AutoCAD 2008 中文版. 北京:清华大学出版社,2007.

[8] 江洪,侯永涛,薛宏丽. AutoCAD 2008 机械设计实例解析. 北京:机械工业出版社,2007.

[9] 王长忠. AutoCAD 机械绘图. 北京:北京理工大学出版社,2007.

[10] 程绪琦,王建华. AutoCAD 2007 标准教程. 北京:电子工业出版社,2006.

[11] 谢宏威,解璞,左昉. 精通 AutoCAD 电气设计. 北京:电子工业出版社,2007.

[12] 李爱军,赵永玲,韦杰太,等. AutoCAD 建筑设计 300 例. 北京:电子工业出版社,2006.

[13] 黄娟,卢章平. AutoCAD 初级工程师认证考前辅导. 北京:化学工业出版社,2006.

[14] 王斌,李磊,庄国华. AutoCAD 2006 实用培训教程. 北京:清华大学出版社,2004.

[15] 黄小龙,高宏,周建国. AutoCAD 2006 典型应用实战演练 100 例. 北京:人民邮电出版社,2006.

[16] 刘国庆,吕艳霞. AutoCAD 2005 基础教程与上机指导. 北京:清华大学出版社,2005.

[17] 薛焱,王祥仲. AutoCAD 2004 基础教程. 北京:清华大学出版社,2003.

[18] 孙立斌,冯慧. AutoCAD 2002 基础教程. 北京:清华大学出版社,2002.

[19] 张苏苹,沈建华,张民久,等. AutoCAD 2000 中文版标准培训教程. 北京:电子工业出版社,2000.

[20] 郭启全,赵增慧,李莉. AutoCAD 2005 基础教程. 北京:北京理工大学出版社,2004.

[21] 胡仁喜,赵力航,郭军. AutoCAD 2005 练习宝典. 北京:北京理工大学出版社,2004.

[22] 崔洪斌. AutoCAD 2002 三维图形设计. 北京:清华大学出版社,2001.

[23] 王爱民,于冬梅,史国生,等. AutoCAD 2002 高级应用技巧. 北京:清华大学出版社,2001.

[24] 童秉枢,吴志军,李学志,等. 机械 CAD 技术基础. 北京:清华大学出版社,2000.